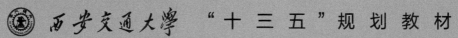

西安交通大学 "十三五"规划教材

普通高等教育能源动力类专业"十三五"规划教材

自动控制原理实验教程

主编 巨林仓

编著 王桂芳 程上方 刘齐寿 武永运

西安交通大学出版社

XI'AN JIAOTONG UNIVERSITY PRESS

图书在版编目(CIP)数据

自动控制原理实验教程/巨林仓主编;王桂芳等编著.
—西安:西安交通大学出版社,2018.7(2024.3 重印)
ISBN 978 - 7 - 5693 - 0663 - 7

Ⅰ.①自… Ⅱ.①巨… ②王… Ⅲ.①自动控制
理论—实验—教材 Ⅳ.①TP13 - 33

中国版本图书馆 CIP 数据核字(2018)第 120530 号

书　　名	自动控制原理实验教程
主　　编	巨林仓
编　　著	王桂芳　程上方　刘齐寿　武永运
责任编辑	田　华

出版发行	西安交通大学出版社
	(西安市兴庆南路 1 号　邮政编码 710048)
网　　址	http://www.xjtupress.com
电　　话	(029)82668357　82667874(市场营销中心)
	(029)82668315(总编办)
传　　真	(029)82668280
印　　刷	西安日报社印务中心

开　　本	787mm×1092mm　1/16　　**印张** 10.5　　**字数** 250 千字
版次印次	2018 年 8 月第 1 版　2024 年 3 月第 4 次印刷
书　　号	ISBN 978 - 7 - 5693 - 0663 - 7
定　　价	26.00 元

如发现印装质量问题,请与本社市场营销中心联系。
订购热线:(029)82665248　(029)82667874
投稿热线:(029)82664954　qq:190293088
读者信箱:190293088@qq.com

Foreword 前言

　　"自动控制原理"是一门理论性和工程应用性都很强,同时又比较抽象的专业基础课。加强该课程的实验教学环节,有助于学生对理论课教学内容的理解,深化理论教学,拓宽学生的知识面,培养其动手能力和工程实践能力。由于实验内容所涉及的知识面比较宽,而实验学时有限,迫切需要一本相对完整、系统而又实用的实验教材。本教材旨在通过实验教学巩固、加深学生对自动控制原理基础知识的理解,同时培养学生的工程实践能力及现代测控技术的综合应用能力。

　　本书是西安交通大学本科"十三五"规划教材,是"自动控制原理"课程的配套实验教材,可供能源与动力工程类专业及相关专业的本科生使用。本书作为能源动力类"自动控制原理"课程的配套实验教材,紧密结合教学需要,对实验所涉及的基础理论、实验原理及方法等进行了系统的阐述。此外,还提供了一些思考题,以利于学生进一步思考,掌握知识要点,从而更加深入地认识和理解自动控制原理的基本理论。

　　全书共分为8章,第1章简要介绍自动控制原理的实验方法、原理及仿真技术应用;第2章主要介绍控制系统的电子模拟方法、主要实验设备和相关实验内容;第3章介绍 MATLAB 仿真环境、控制系统 MATLAB 仿真的基本方法和相关实验内容;第4章介绍 PID 控制器参数的工程整定方法和相关实验内容;第5章主要介绍过程控制教学实验装置及其相关实验的预备知识;第6至8章是过程控制实验部分,分为单回路过程控制实验、复杂过程控制实验和控制系统组态与开发实验,分别属于过程控制基础性实验、提高性实验和综合性实验。附录介绍了控制系统仿真常用的 MATLAB 函数和模块组。

　　本书由西安交通大学能源与动力工程学院实验教学一线的教师合作编著:巨林仓编写第1章并负责全书统稿;王桂芳编写第2,3,4,5,6章;程上方编写第7章;刘齐寿、武永运编写第8章;附录部分由王桂芳和程上方共同编写。

　　由于作者水平有限,书中难免存在不足和纰漏之处,恳请读者批评指正。

编　者

2018 年 6 月

Contents 目录

第1章 概　述

1.1　自动控制系统

在自动控制原理中,控制是指为了实现生产工艺过程需要,达到预期的目标,对生产过程中的某一个或某一些物理量所进行的操作。自动控制系统则是指将控制器和控制对象(受控对象)按一定方式连接起来,完成某种自动控制任务的有机整体。

1.1.1　自动控制系统的基本形式

实际生产过程中采用的自动控制系统类型多种多样,从不同的角度看,可采用不同的分类方法,常用的分类方法主要有:按其基本结构形式,可分为开环控制系统、闭环控制系统和复杂控制系统;按给定值变化规律,可分为恒值控制系统(自动调节系统)、随动控制系统(伺服系统)和程序控制系统;按信号的连续性,分为连续控制系统和离散控制系统;按被控量数目,可分为单输入单输出控制系统和多输入多输出控制系统;按控制系统闭环回路的数目,可分为单回路控制系统和多回路控制系统。

自动控制系统还有其他的分类方法,这里不再一一列举。自动控制系统中,应用最广泛的就是按基本结构形式的分类方法。

1. 开环控制系统

在开环控制系统中,控制器与控制对象之间只有顺向作用而无反向联系,如图 1-1 所示。系统的输出量(即被控量)对控制作用量没有影响,系统的控制精度完全取决于所用元器件的精度和特性调整的准确度。因此,开环系统只有在输出量难于测量且对控制精度要求不高及扰动的影响较小或扰动的作用可以预先加以补偿的场合,才可以应用。对于开环控制系统,只要控制对象稳定,系统就能稳定地工作。

开环控制系统的特点是被控量不返回到系统的输入端,被控量不会对系统的控制作用产生影响。

图 1-1　开环控制系统方框图

2. 闭环控制系统

将系统的被控量反馈到输入端,并与给定值相比较,将所产生的偏差作为控制器的输入信号,以产生相应的控制作用,从而达到减小或消除误差,实现精确控制的目的,这类控制系统称为闭环控制系统。典型闭环控制系统方框图如图1-2所示。

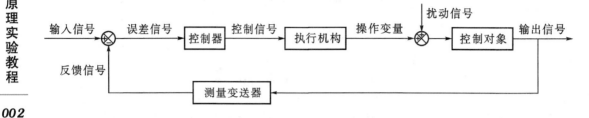

图1-2 典型闭环控制系统方框图

1)闭环控制系统的组成

(1)控制器:对控制对象起控制作用的设备总称,在系统中承担信号放大、传动和执行作用。放大元件对微弱的偏差信号进行放大和变换,使之具有足够的幅值和功率,以适应执行元件动作的要求。执行元件根据放大后的偏差信号产生控制和动作,操纵系统的输出量,使之按照输入量的变化规律而变化。

(2)控制对象:系统中要求实现自动控制的设备或生产过程。

(3)测量变送器:用于测量系统输出的测量装置,其作用是把物理参数转换成与系统输出信号具有某种函数关系的测量信号。

(4)执行机构:作用是接收控制器送来的控制信号,改变控制作用,从而将被控量维持在所要求的数值上或一定的范围内。

2)各种信号及其含义

(1)输入信号:即给定值,是希望被控量达到的值。

(2)输出信号:即被控量,是控制系统所要控制的物理量。

(3)反馈信号:系统的输出经过测量变送器测量、变换后用于和给定值进行比较的信号。

(4)误差信号:输入信号与反馈信号之差。

(5)控制信号:控制器的输出信号。

(6)扰动信号:除控制作用外,引起被控量变化的因素。

闭环控制系统是自动控制中最基本的控制形式,闭环控制系统的特点:利用负反馈的作用来减小系统的偏差,具有纠正或消除偏差的能力;可有效抑制各种扰动对系统输出量的影响;可减小控制对象的参数变化对输出量影响。从稳定性的角度看,由于闭环系统组成中包含贮能元件或其他延迟特性等因素的存在,如果参数配合不当,将会引起反馈控制系统振荡,从而使系统不能稳定工作。

3. 复杂控制系统

在工业生产过程中,常将开环控制系统和闭环控制系统配合使用,构成复杂控制系统,如串级控制系统、比值控制系统、前馈-反馈控制系统等等。复杂控制结合了开环、闭环两种控制方式的优点,既能及时克服干扰的影响或跟踪给定值的变化,又能保证系统的控制精度,可以构成实现较高性能指标的控制系统。

1.1.2 自动控制系统的性能指标

自动控制系统,为了完成一定任务,要求被控量必须迅速而准确地随给定量变化而变化,并且不受扰动的影响。实际上由于控制对象、控制装置和各功能部件的参数匹配不同,系统的性能有可能出现较大的差异,甚至因匹配不当而不能正常工作。因此,工程上对自动控制系统性能提出了一些要求,主要有以下三个方面。

(1)稳定性。系统的稳定性是指一个处于平衡工作状态的系统,在受到扰动时,会偏离原来的平衡状态,当扰动消失后,经过一段暂态过程,系统能否回到原有平衡状态的特性。当扰动消失后,系统能够回到原有的平衡状态,则称系统是稳定的;当扰动消失后,系统不能够回到原有的平衡状态,甚至随时间的推移偏离原有的平衡状态越来越大,则称系统是不稳定的。

稳定性是反映系统在受到扰动后恢复到平衡状态的能力,是对控制系统最基本的要求,不稳定的控制系统在生产过程中不能应用。在实际生产过程中不但要求控制系统是稳定的,而且还要有一定的"稳定裕量",以保证在每次动态调整过程中振荡次数不致过多(一般限于两三次)。

(2)准确性。准确性用来反映自动控制系统的被控量与给定值接近的程度,也就是被控量与给定值的偏差(误差)。准确性是对稳定系统稳态性能的要求,一般用稳态误差来表示,所谓稳态误差是指系统达到稳态时被控量的实际值(即稳态值)和期望值之间的误差。稳态误差越小,表示系统的控制精度越高,即准确性越高。

(3)快速性。为了很好的完成控制任务,控制系统仅仅满足稳定性和准确性的要求是不够的,还必须对其过渡过程的快慢提出要求,即系统的快速性。

快速性是对控制系统动态过程持续时间方面的要求。工程上的控制系统总是存在惯性,如电动机的电磁惯性、机械惯性等等,使系统在给定量发生变化时,被控量不可能突变,必然会有一个过渡过程,即动态过程。一般希望从扰动开始到系统达到新的平衡状态的过渡时间尽可能短,以保证下一次扰动来临时,上一次扰动所引起的控制过程已经结束。反映系统快速性的性能指标是调整时间(恢复时间)。

综上所述,对控制系统的基本要求可归结为三个字:稳、准、快。

实际应用中,这些性能要求往往相互制约,如在系统稳定的前提下,准确性和快速性是两个矛盾的方面,所以一个控制系统中要求三个方面都达到很高的质量往往是不可能的。在不同的生产过程中,对这三方面的具体要求也有不同的侧重。因此在控制系统设计时,需要根据系统具体要求进行具体分析,均衡考虑各项性能指标。控制系统的主要性能指标有阻尼振荡频率和振荡周期、超调量和峰值时间、衰减率、上升时间和调整时间等。这些指标可通过控制系统阶跃响应曲线求取。某衰减振荡系统的阶跃响应曲线如图1-3所示。

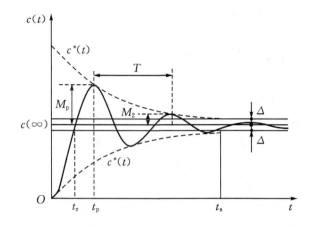

图 1-3 衰减振荡系统的阶跃响应曲线

1. **阻尼振荡频率和振荡周期**

振荡周期是从一个峰值(谷值)到下一个峰值(谷值)所经历的时间 T,从而阻尼振荡频率为

$$\omega_{\mathrm{d}} = \frac{2\pi}{T} \tag{1-1}$$

2. **超调量和峰值时间**

超调量反映超调情况,也是衡量稳定程度的指标。超调量的表达式为

$$\sigma_{\mathrm{p}} = \frac{c(t_{\mathrm{p}}) - c(\infty)}{c(\infty)} \times 100\% \tag{1-2}$$

式中:t_{p} 为峰值时间;$c(t_{\mathrm{p}})$ 为峰值时间对应的输出值,即输出的最大值;$c(\infty)$ 为输出的稳态值。

3. **衰减率**

第一个波幅 M_{p} 和第二个波幅 M_2 的差值与第一个波幅 M_{p} 之比称为系统的衰减率,衰减率的表达式为

$$\psi = \frac{M_{\mathrm{p}} - M_2}{M_{\mathrm{p}}} \tag{1-3}$$

在动力自动控制系统中常用衰减率表征相对稳定性,且经验值范围是 $\psi = 0.75 \sim 0.90$。

4. **上升时间**

从过渡过程开始到数值第一次等于稳态值的时间为上升时间,以 t_{r} 表示。上升时间和前面提到的峰值时间都表征控制系统的快速性,t_{r} 或 t_{p} 值越小,表明系统的响应就越快。

5. **调整时间**

通常采用响应曲线的包络线 $c^*(t)$ 表示衰减振荡曲线的衰减程度,从而调整时间 t_{s} 可以定义为从响应开始到响应曲线的包络线与稳态值的偏差减小到允许范围 Δ 所需的时间,参见图 1-3,即 t_{s} 满足

$$\left| c^*(t_{\mathrm{s}}) - c(\infty) \right| = \Delta \tag{1-4}$$

在工程上一般取 $\Delta = 0.02c(\infty)$ 或 $\Delta = 0.05c(\infty)$。调整时间是反映控制快速性的主要指标。

1.2　自动控制系统实验与仿真

1.2.1　自动控制系统分析方法

研究分析自动控制系统的方法一般有两种：①利用实际系统进行；②利用模型进行。对于比较简单的控制对象，可以在实际系统上进行实验和调试，以获得更好的性能指标。但在实际生产过程中，大部分的控制对象规模及复杂程度巨大，比如载人飞行器、反应堆控制、电力系统等。考虑到安全性、经济性以及快捷性等原因，在实际系统上直接进行实验通常是不现实的，需要建立起相应的模型对实际系统的特征与变化规律进行一种定量抽象，来描述现实系统的有关结构信息和行为。通过实验研究，将对模型进行分析和研究的结果应用到实际系统中去，这种方法称为模拟或仿真研究，或简称"仿真"。

系统仿真是以相似原理、系统技术、信息技术及其应用领域的有关专业技术为基础，以计算机、仿真器和各种专用物理效应设备为工具，利用系统模型对真实的或设想中的系统进行动态研究的一门多学科的综合性技术。它的基本思想是利用模型类比、模仿现实过程，以寻求对真实过程的认识。

对实际系统所建立的模型可分为物理模型和数学模型。物理模型指不以人的意志为转移的客观存在的实体。例如，飞行器研制中的飞行器模型；船舶制造中的船舶模型等。数学模型是从一定的功能或结构上进行相似，用数学的方法来再现原形的功能或结构特征。根据所用模型的不同，仿真一般可分为两种类型：物理仿真和数学仿真。

1. 物理仿真

物理仿真采用物理模型，有实物介入、效果逼真、精度高等优点，可以直观、形象、全面地表现被研究的物理过程，容易建立对自动控制系统的感性认识，加深对自动控制系统的理解；缺点是构造系统的物理模型投资较大，周期长，且需要进行安装、接线和调试等工作。另外，不同的研究对象（物理过程）需要使用不同的模型，通用性差。因此，物理仿真一般只在某些特殊场下采用，如导弹、卫星等飞行器的动态仿真，发电站综合调度仿真与培训等。

2. 数学仿真

数学仿真一般是指将实际系统的运动规律用数学方程（微分方程或差分方程）来描述，然后再用计算机求解这些方程的过程。数学仿真是建立在数学模型基础上的仿真，数学模型与原型在运动规律、功能及结构等方面是相似的，是采用数学的方法来再现原形的功能或结构特征。

数学仿真的优点是方便灵活、容易实现、费用低、数据处理简单，因此数学仿真比物理仿真发展更迅速。由于数学仿真一般需要利用计算机来完成，因此又称为"计算机仿真"。计算机仿真分为三种：模拟计算机仿真、数字计算机仿真和混合仿真。利用模拟计算机进行的仿真称为"模拟仿真"；利用数字计算机进行的仿真称为"数字仿真"；利用数字计算机和模拟计算机联合进行的仿真称为"混合仿真"。

综上所述,有关自动控制系统的实验方法如图 1-4 所示。

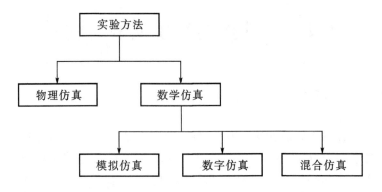

图 1-4　自动控制系统实验方法

仿真既是分析、研究和设计控制系统的有效方法,同时也是自动控制原理学习过程中广泛采用的实验手段。仿真过程所遵循的基本原则是相似性原理。

1.2.2　相似性原理

相似是指自然界中两个或两个以上系统在外在表象(几何)或内在规律性(性能)方面的一致性,常指"模型"和"原型系统"之间的一致性。如果两个系统相似,则称其为相似系统。相似性原理是指相似系统之间,可以用来相互类比、模仿。相似性原理是系统仿真最基本的原理。

相似性的概念最早出现在几何学里,两个三角形的相似是指两个三角形的对应边成比例或者对应角相等,这种相似称为形状的几何相似,物理仿真遵循的是几何相似。性能相似是指一个系统与另一系统在运动规律或行为方面的相似,模拟仿真和数字仿真遵循的是性能相似。对某一系统研究分析,获得有关信息和规律,并应用于同类型系统中其他系统时,这种方法称为同类相似。例如,通过对某一典型换热器研究分析,得到逆流换热的有关规律,可以应用于与之相似的逆流换热器。将某一系统的研究结论应用于不同类型的系统时,这种方法称为异类相似。例如,将机械、电气、电子、液压等不同类型系统中的研究结论相互应用。在实际应用中,通常采用由某些电子元器件构成电路系统,替代与之相似的其他物理、化学等系统进行实验研究,从而为开展有关系统方面的研究提供了一种极为有效的手段。

不同类型的系统中,可以进行相互类比、模仿,主要是因为它们通常存在着性质相同的基本变量。例如,机械系统中的基本变量为力(力矩)和速度(角速度);电子系统中的基本变量为电流和电压;液压系统中的基本变量为流量和压力。在动力系统中,不同性质变量的作用可抽象为阻性、容性、感性(惯性)三种物理效应。不一定能将元器件或具体组件与三种效应建立明显的一一对应的关系,但总可以利用阻性、容性、感性效应的有限集合来建立动力系统的模型。

三种重要的物理效应可以量化为三个集中参量来表示。

1. 阻性量

阻性量是决定系统稳态性能的基本物理参量,具有耗能性质,如流体系统中节流孔的流动阻力、机械阻尼器、电子(气)系统的电阻。它可以是线性的,如电阻;也可以是非线性的,如流阻。

2. 容性量

容性量是决定系统动态性能的基本物理参量,具有储存和释放能量的性质。如流体系统中的蓄能器、机械系统中的弹簧、电气系统中的电容。

3. 感性量(惯性量)

感性量是决定系统动态性能的另一个基本物理参量,也具有储存和释放能量的性质。如流体和机械系统中质量的惯性、电气系统中电感的感性效应。

动力系统模型研究的任务是弄清各参数之间的内在关系和相互制约联系的客观规律,建立模型,归纳出系统之间的相似性。

以机械位移系统和 RLC 电路系统为例,在图 1-5(a)所示的机械位移系统中,质量为 M 的物体在外力 F 的作用下产生位移 y,其中弹簧的弹性系数为 K,阻尼器的摩擦系数为 f。在图 1-5(b)所示的 RLC 串联电路中,以 U_r 为输入电压,U_c 为输出电压。

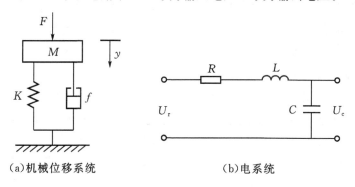

(a)机械位移系统　　　　　　(b)电系统

图 1-5　机械位移系统和电系统

根据物理学中的动力学原理及数学方法,可将描述机械位移系统性能的运动方程表示为

$$M \frac{\mathrm{d}^2 y}{\mathrm{d}t^2} + f \frac{\mathrm{d}y}{\mathrm{d}t} + Ky = F \qquad (1-5)$$

根据回路定律,描述电系统输入、输出性能的运动方程可表示为

$$LC \frac{\mathrm{d}^2 U_c}{\mathrm{d}t^2} + RC \frac{\mathrm{d}U_c}{\mathrm{d}t} + U_c = U_r \qquad (1-6)$$

式(1-5)中力 F 为输入,位移 y 为输出;式(1-6)中电压 U_r 为输入,电压 U_c 为输出。两公式中的输入和输出都是时间 t 的函数,若输入用 $r(t)$ 表示,输出用 $c(t)$ 表示,则都可以写成形如式(1-7)的形式

$$a_1 \frac{\mathrm{d}^2 c(t)}{\mathrm{d}t^2} + a_2 \frac{\mathrm{d}c(t)}{\mathrm{d}t} + a_3 c(t) = r(t) \qquad (1-7)$$

两者在参数选择合适时,机械位移系统与 RLC 串联电路均为典型的二阶系统,其运动

规律可以用相同的数学表达式来描述,因而能够用来相互类比、模仿,在描述运动过程时可以认为它们是相似系统。

1.2.3 仿真技术的应用

采用仿真技术对系统进行研究时具有经济性好、安全可靠、快捷性高等一系列优点,因此仿真技术在不同工程领域得到了广泛应用。随着仿真技术的发展,仿真技术的应用趋于多样化。最初仿真技术是作为对实际系统进行试验的辅助工具而应用的,现在它的应用已经发展到与军事、国民经济相关的各个重要领域。

1. 在军事领域的应用

过去主要依靠野战演习完成的任务,现在可以利用计算机、仿真器和人工合成的虚拟环境来进行。利用仿真器产生动态的、直观的环境,配合仿真的地形、烟雾和"敌人"的武器装备,使部队能够进行生动逼真的军事演习。

2. 在电力工业方面的应用

电力工业中,随着单元发电机组容量日益增大,系统越来越复杂,对它的安全、经济运行提出了更高的要求,仿真系统是实现这个目的的最佳途径。例如,电力系统动态模型实验,电力系统负荷分配和瞬态稳定性控制,电站操作人员培训模拟系统。电站仿真系统已成为电站建设与运行中必须配套的装备。

3. 在制造工业方面的应用

在制造业中,如何在最短的时间内以最经济的手段开发出用户能够接受的产品,已成为市场竞争的焦点,虚拟制造是解决这个焦点问题的有效技术途径。虚拟制造是采用建模技术在计算机及高速网络的支持下,在计算机群组协同工作下,通过三维模型及动画实现产品设计、工艺规划、加工制造、性能分析、质量检验以及企业各级过程的管理与控制等方面的仿真产品。

4. 在核能工业方面的应用

例如,核反应堆的模拟,利用核电站仿真器训练操作员以及研究异常故障的排除处理等。

5. 在航空航天工业方面的应用

例如,飞行器设计中的仿真体系:数学模拟、半实物模拟、实物模拟等;利用飞行仿真模拟器训练飞行员及宇航员。

6. 在非工程领域的应用

例如,在医学、交通、教育、通信、社会、经济和商业等方面的研究。

自动控制原理系列实验是将仿真技术与相关理论教学相结合,利用物理装置、计算机及其配套专业软件来构造自动控制系统模型,通过对该系统模型输入典型输入信号(阶跃、斜坡、脉冲等),在系统的某一环节或输出端利用相应的记录显示仪器(如示波器、显示器或打印机等),观察和记录系统的输出响应曲线,了解、分析系统的动态特性,增强对理论教学核心内容的理解。

第 2 章　自动控制系统的模拟仿真

根据仿真过程中所采用计算机类型的不同,计算机仿真大致经历了电子模拟计算机(简称模拟机)仿真、模拟-数字混合机仿真和数字计算机仿真三个大的阶段。20 世纪 50 年代,计算机仿真主要采用模拟机;60 年代后,串行处理数字机逐渐应用到仿真中,但难以满足航天、化工等大规模复杂系统对仿真时限的要求;到了 70 年代,模拟-数字混合机曾一度应用于飞行仿真、卫星仿真和核反应堆仿真等众多高科技研究领域;80 年代后,由于并行处理技术的发展,数字计算机最终成为计算机仿真的主流。现在,计算机仿真技术已经在机械制造、航空航天、交通运输、船舶工程、经济管理、工程建设、军事模拟以及医疗卫生等领域得到了广泛的应用。本章主要介绍自动控制系统模拟仿真的原理及相关实验。

2.1　电子模拟计算机

模拟机主要以积分器和加法器为基础,配置了电位器、分压器、电阻、电容等部件,利用电流、电压等连续变化的物理量直接进行运算。利用模拟机进行控制系统仿真称为模拟仿真。模拟仿真是数学仿真的一个分支,曾经是分析和设计控制系统的重要方法之一。使用模拟机的主要目的,并不在于获得数学问题的精确解,而在于给出一个可供进行实验研究的电子模型。

模拟仿真过程中,模拟机按照所构建的系统仿真模型进行运算,各运算部件的输出电压分别代表系统中相应的变量,因此模拟计算机能直观地表示出系统内部关系。模拟机的变量是连续变化的电压变量,对于变量的运算是基于电路中电压、电流、元件参数等特性的相似关系,因此主要用于连续系统的仿真。例如,电路节点上任一支路电流等于其余各支路电流之和(基尔霍夫定律),这是加法运算的基础。又如,电容是积累电荷的元件,当电荷流入电容器,电容两端电压增大,它的数学关系表现为电流对时间的积分,这是实现积分运算的基础。利用复阻抗、传递函数的概念可以使电路的分析大为简化,电阻器、电容器、电感器是模拟机电路的三种基本阻抗元件,如果把每个元件看作是以电流为输入量、电压为输出量的环节,则三个元件对应的传递函数可写为

$$\left. \begin{array}{l} \text{电阻元件}:G(s) = \dfrac{U(s)}{I(s)} = R \\[2mm] \text{电容元件}:G(s) = \dfrac{U(s)}{I(s)} = \dfrac{1}{Cs} \\[2mm] \text{电感元件}:G(s) = \dfrac{U(s)}{I(s)} = Ls \end{array} \right\} \qquad (2-1)$$

式中:R、$1/Cs$、Ls 称为电阻、电容、电感元件的复数阻抗,简称复阻抗。

利用模拟机进行实验研究时,求解结果以直观的时间曲线表示,时间变量与实际的时间相同,具有实时仿真的特点;还能方便地改变微分方程的系数和输入量的大小,因此模拟计

算机适用于研究系统参数或输入量变化时系统的动态过程。模拟机的主要缺点是计算精度较低。

我国生产的模拟机有多种型号。尽管它们的结构和功能有所不同，但模拟机的基本组成都是相似的，如运算部分包括能够完成加法、积分等数学运算的部件。

2.1.1 运算放大器的工作原理

组成模拟机基本运算电路的主要元件是运算放大器，目前使用的运算放大器主要是各种集成运算放大器，集成运算放大器是由多级直接耦合放大电路组成的高增益模拟集成电路，是一种高增益、低漂移的直流运算放大器，可近似为理想的运算放大器。理想的运算放大器主要有以下几个特性：①开环放大倍数无限大；②开环输入阻抗无限大；③开环输出阻抗为零；④无零点漂移和噪声。运算放大器既可以实现信号的放大，形成控制过程所需的动作规律，也可以实现信号的隔离。模拟机的核心工作部件就是运算放大器。

图 2-1(a)是运算放大器的表示符号。运算放大器有一个输出端和两个输入端。图中，"－"表示反相输入端，"＋"表示同相输入端。利用运算放大器，原则上既可构成同相运算电路，也可构成反相运算电路，还可构成混合运算电路。但由于同相运算电路存在较强的共模输入电压，当该电压超过一定限度时，将会导致运算放大器输入级工作失常，因此在模拟计算机中，一般只采用反相运算电路。在本文中若无特殊说明，所说的运算放大器都是反相运算电路。

模拟机的基本运算电路是由直流运算放大器配以适当的输入网络和反馈网络组成，如图 2-1(b)所示。运算放大器在使用时，其输入端通过输入复阻抗 Z_i 与反相输入端相连，输出端通过反馈复阻抗 Z_f 与反相输入端相连，以构成反相运算电路。

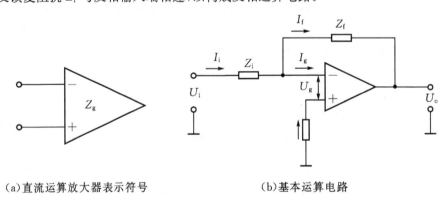

(a)直流运算放大器表示符号　　　　　(b)基本运算电路

图 2-1　直流运算放大器表示符号和基本运算电路

Z_g—运算放大器输入电阻；Z_i—输入复阻抗；Z_f—反馈复阻抗；U_i—输入电压；U_o—输出电压；U_g—求和点电压；I_i—输入电流；I_f—反馈电流；I_g—运算放大器输入电流

由图 2-1(b)可知

$$I_i = I_f + I_g \tag{2-2}$$

$$I_g = \frac{U_g}{Z_g} \tag{2-3}$$

$$I_i = \frac{U_i - U_g}{Z_i} \tag{2-4}$$

$$I_f = \frac{U_g - U_o}{Z_f} \tag{2-5}$$

从以上关系可得

$$\frac{U_i - U_g}{Z_i} = \frac{U_g - U_o}{Z_f} + \frac{U_g}{Z_g} \tag{2-6}$$

运算放大器的基本关系为

$$U_o = -AU_g \tag{2-7}$$

式中：A 为运算放大器的增益。

通常运算放大器的增益 A 很大（$A = 10^6 \sim 10^8$），而输出电压 U_o 是一个有限值，因此可得

$$\left. \begin{array}{l} U_g = \dfrac{U_o}{A_i} \approx 0 \\[2mm] I_g = \dfrac{U_g}{Z_g} \approx 0 \end{array} \right\} \tag{2-8}$$

代入式（2-6），经整理得

$$\frac{U_o}{U_i} = -\frac{Z_f}{Z_i} \tag{2-9}$$

上式是由运算放大器组成的反相运算电路输出量与输入量间的基本关系式。该式表明：运算放大器输出电压与输入电压的关系只与外接的输入复阻抗和反馈复阻抗有关，而与放大器本身无关。运算放大器输出电压与输入电压之比，等于反馈复阻抗与输入复阻抗之比，但符号相反。取不同的输入阻抗 Z_i、反馈阻抗 Z_f，就可以模拟不同的传递函数，实现不同的运算。

2.1.2 模拟计算机常用运算部件

模拟机的常用运算部件主要有反相器、系数器、比例器、加法器、积分器等。这些运算部件的输入输出变量都是随时间连续变化的模拟量电压，各运算部件按照相应的数学模型进行串联组合，就可构成特定的仿真模型以实现计算和仿真。教学实验用的模拟机是一种简单的模拟机。

1. 反相器

输出信号与输入信号幅值相等、相位相反的电路网络称为反相器。式（2-9）中的负号是由于运算放大器工作于反相工作状态的缘故。当运算放大器的输入复阻抗和反馈复阻抗接入的都是阻值等于 R 的电阻元件，则其输出电压 U_o 与输入电压 U_i 的幅值相等、相位相反，即式（2-9）等号右边的比例系数为 1。图 2-2 即为一种典型的反相器模拟电路。

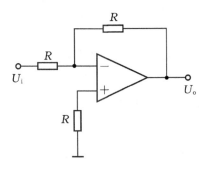

图 2 - 2　反相器电路图

2. 系数器

在模拟机中,常用到乘一个小于 1 的系数,它可用分压电位器来实现,在模拟仿真中常用于调节输入电压的大小。系数器的电路如图 2 - 3 所示。

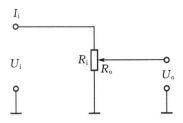

图 2 - 3　系数器电路图

由图 2 - 3 可得

$$U_o = \frac{R_o}{R_i} U_i = \alpha U_i \qquad (2-10)$$

式中: $\alpha = \dfrac{R_o}{R_i} \leqslant 1$。

3. 比例器和比例加法器

在图 2 - 1(b)中,若 Z_i、Z_f 采用两个阻值不同的电阻,如图 2 - 4(a)所示,则构成比例器,则式(2 - 9)可表示为

$$\frac{U_o}{U_i} = -\frac{R_f}{R_i} \qquad (2-11)$$

式中: R_f/R_i 即为比例系数。

若运算放大器的输入是由多条(例如 3 条)不同电阻支路所组成,如图 2 - 4(b)所示,便构成比例加法器,在运算放大器中 $I_g \approx 0$,则由基尔霍夫电流定律可知

$$I_1 + I_2 + I_3 = I_f \qquad (2-12)$$

可得

$$\frac{U_o}{R_f} = -\left(\frac{U_1}{R_1} + \frac{U_2}{R_2} + \frac{U_3}{R_3} \right) \qquad (2-13)$$

经整理,图 2-4(b)中所示比例加法器的输出电压,可用下式表示

$$U_{\circ} = -\left(\frac{R_{\rm f}}{R_1}U_1 + \frac{R_{\rm f}}{R_2}U_2 + \frac{R_{\rm f}}{R_3}U_3\right) \tag{2-14}$$

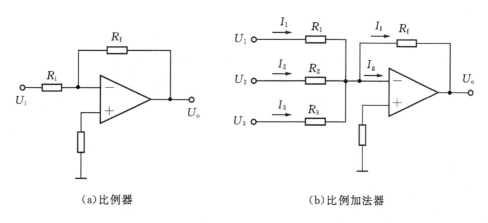

（a）比例器　　　　　　　　　　（b）比例加法器

图 2-4　比例器和比例加法器电路图

4. 积分器

若将图 2-4(a)中的反馈电阻 $R_{\rm f}$ 换成电容,即构成积分器,如图2-5所示。取 $Z_{\rm i}=R_{\rm i}$,$Z_{\rm f}=1/Cs$,将其代入式(2-9),可得

$$\frac{U_{\circ}(s)}{U_{\rm i}(s)} = -\frac{1}{R_{\rm i}Cs} = -\frac{1}{Ts} \tag{2-15}$$

或写成

$$u_{\circ}(t) = -\frac{1}{T}\int_0^t u_{\rm i}(t)\mathrm{d}t + u_{\circ}(0) \tag{2-16}$$

式中: $T=R_{\rm i}C$ 为积分时间常数; $u_{\circ}(0)$ 为积分初始条件。在模拟计算中,积分器的初始条件可由直流电压 E_0 来设定。

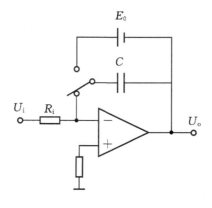

图 2-5　积分器电路图

2.2 典型环节模拟

自动控制系统与其他系统一样,是由相互作用、相互依赖的若干组成部分结合而成的,具有某种特定控制功能的有机整体。在自动控制理论中,将组成控制系统的相互作用、相互依赖的部分称为环节。从物理结构上看,控制系统的类型很多,相互之间差异很大。在分析和研究控制系统时,通常从系统的动态特性出发,将具有相同动态特性或传递函数的不同物理结构、不同工作原理的环节看作相同的环节。所以,环节是按动态特性对控制系统各组成部分进行分类的。

从动态方程、传递函数和运动特性的角度看,不宜再分的最小环节称为基本环节,也称为典型环节。

根据相似性原理,可使用模拟机对控制系统中的典型环节进行模拟。将运算放大器与不同的输入网络及反馈网络组合,构成典型环节的模拟电路,然后加入输入信号测试典型环节的输出响应。

2.2.1 比例环节

比例环节的模拟电路常使用比例器实现,如图 2 - 4(a)所示,在式(2 - 9)中,若取 $Z_i = R_i, Z_f = R_f$,即可得到输出量与输入量之间的关系

$$\frac{U_o}{U_i} = -\frac{R_f}{R_i} \qquad (2-17)$$

比例环节的传递函数为

$$G(s) = K = \frac{R_f}{R_i} \qquad (2-18)$$

式中:$K = \dfrac{R_f}{R_i}$ 为比例增益。

2.2.2 积分环节

在式(2 - 9)中,若取 $Z_i = R, Z_f = C$,即可得到输出量与输入量之间的关系

$$\frac{U_o}{U_i} = -\frac{1}{RCs} \qquad (2-19)$$

积分环节的传递函数为

$$G(s) = -\frac{1}{Ts} \qquad (2-20)$$

式中:$T = RC$ 为积分时间常数。

积分环节的模拟电路,如图 2 - 6 所示。

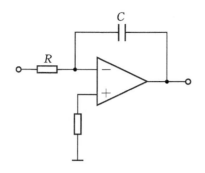

图 2-6　积分环节模拟电路

2.2.3　比例积分环节

比例积分环节输出量与输入量之间的关系

$$\frac{U_o}{U_i} = -\frac{R_2}{R_1}\left(1 + \frac{1}{R_2 Cs}\right) \tag{2-21}$$

比例积分环节的传递函数为

$$G(s) = -K\left(1 + \frac{1}{Ts}\right) \tag{2-22}$$

式中：$K = \dfrac{R_2}{R_1}$ 为放大系数；$T = R_2 C$ 为积分时间常数。

比例积分环节的模拟电路，如图 2-7 所示。

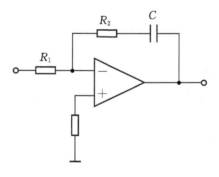

图 2-7　比例积分环节模拟电路

2.2.4　比例微分环节

图 2-8 为比例微分环节的模拟电路，由图中的电流关系可以得出

$$\left.\begin{array}{l} I_1 = I_2 \\ I_2 = I_3 + I_4 \end{array}\right\} \tag{2-23}$$

为了求出该电路输出量与输入量之间的关系,引入参考点 A,则式(2-23)可写成

$$\left.\begin{array}{l} \dfrac{U_\mathrm{i}}{R_1} = -\dfrac{U_A}{R_2} \\[2mm] -\dfrac{U_A}{R_2} = \dfrac{U_A - U_\mathrm{o}}{R_3} + U_A \cdot Cs \end{array}\right\} \qquad (2-24)$$

消去中间变量 U_A,化简后可得比例微分环节的传递函数

$$\frac{U_\mathrm{o}}{U_\mathrm{i}} = -K\left(1 + \frac{k_\mathrm{D}T_\mathrm{D}s}{T_\mathrm{D}s + 1}\right) \qquad (2-25)$$

式中:$K = \dfrac{R_2 + R_3}{R_1}$ 为放大系数;$T_\mathrm{D} = R_4 C$ 为微分时间常数;$k_\mathrm{D} = \dfrac{R_2 R_3}{(R_2 + R_3)R_4}$ 为微分系数。

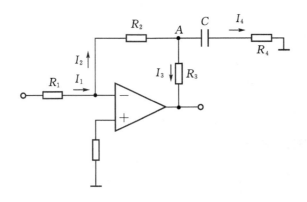

图 2-8　比例微分环节模拟电路

2.2.5　惯性环节

惯性环节输出量与输入量之间的关系

$$\frac{U_\mathrm{o}}{U_\mathrm{i}} = -\frac{R_2/R_1}{R_2 Cs + 1} \qquad (2-26)$$

惯性环节的传递函数为

$$G(s) = -\frac{K}{Ts + 1}$$

式中:$K = \dfrac{R_2}{R_1}$ 为放大系数;$T = R_2 C$ 为时间常数。

惯性环节的模拟电路,如图 2-9 所示。

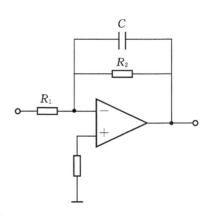

图 2-9　惯性环节模拟电路

2.3　控制系统模拟

在研究控制系统时,通常使用传递函数或微分方程来描述系统的特性。将控制系统的传递函数或者微分方程编排在模拟机上称为排题,即控制系统的模拟方法。控制系统的模拟方法一般有两种:直接编排法和逐步积分法。

2.3.1 控制系统模拟仿真设备简介

1.教学实验模拟机

图 2-10 给出了一种比较典型的实验教学中使用的模拟机。它以运算放大器为核心，配置有二极管、电阻、电容、分压器、电位器等元件。教学实验模拟机是电子模拟实验所使用的主要设备，其操作面板（排题板）由以下几部分组成：七个运算单元、计算机接口、采样保持器、阶跃信号、正弦波信号发生器、电源开关、信号极性选择开关、直流供电电源、电压表等。该模拟机操作简单，使用灵活、方便，可用于模拟不超过 7 阶的控制系统。

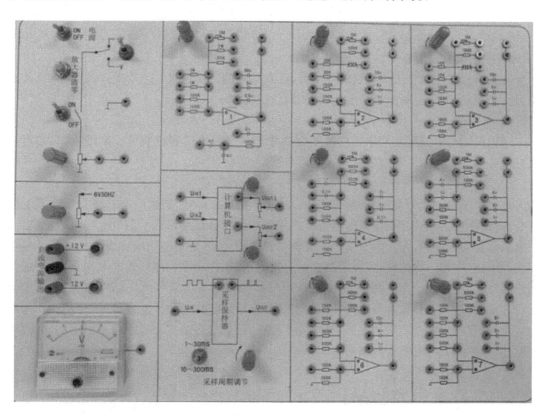

图 2-10　教学实验模拟机

教学实验模拟机的常用部件说明如下。

1）运算单元

各运算单元均由一个运算放大器和多个电阻、电容元件组成，如图 2-11 所示。各单元除部分阻容参数和连接线路有所不同外，其他方面基本相同，每个电阻或电容元件上标有对应参数值以供选择，放大器图标中的数字表示运算单元的序号，教学实验模拟机中共有 7 个运算单元可以使用。每个单元通常用来模拟一个基本（典型）环节，通过接入相应电阻或电容元件实现相关的基本环节运算，多个基本环节串联或并联后就可以完成复杂系统的模拟计算。

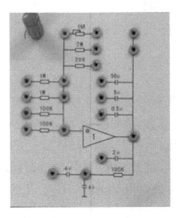

图 2-11　运算单元

2）阶跃信号发生器

阶跃信号发生器位于模拟机的左上方,阶跃信号的产生通过一个手动开关控制,极性通过另一个手动开关选择,信号幅度通过系数器进行调整。

3）电压表

模拟机上的电压表可用来观察模拟电路中某一点的电位变化情况。使用时,只需用一根导线将待观测点的电压信号引到表上即可。

4）"放大器清零"按钮

电容是一种储能元件,在实验过程中,电容可能会被充电,如果不及时释放掉电容上的电荷,根据线性系统叠加原理充电电荷所产生的电压将会叠加到有用信号上,从而造成输出信号失真变形。因此,在开始一项新的实验项目之前,应注意观测当前状况下输出信号是否正确,如果存在不应有的输出,说明相关电容被充电,须将其释放掉。放电操作是通过"放大器清零"按钮完成的。需注意:①为完成放电操作和观察输出信号的变化,在开始一个实验项目之前,需用一根导线将输出信号引到电压表上,以便观察;②放电操作时,应注意在关断输入信号、保持电路连接的情况下,按下此按钮;③随着电路结构及各元件参数的不同,放电时间也不尽相同,有时需要较长的时间。

2. 多用途测控实验装置

图 2-12 所示是多用途测控实验装置,是自动控制原理电子模拟实验使用的另一重要设备,主要用于模拟机和电脑信号数据的传输,并提供一些扩充元件满足模拟计算使用。该装置提供有 4 路模拟量输入(A/D)通道、2 路模拟量输出(D/A)通道、4 路开关量输入输出通道、8 只可变电阻、8 只固定电阻、8 只固定电容以及 3 个指示灯和 1 个复位按钮。

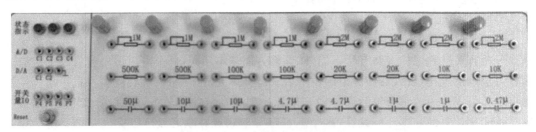

图 2-12　多用途测控实验装置

多用途测控实验装置的常用部件如下。

1）指示灯

指示灯位于多用途测控实验装置的左侧，其作用是指示该设备所处的状态。

2）A/D、D/A 通道

A/D、D/A 通道的作用是建立模拟计算机与数字计算机之间的信号连接，既可以将模拟机所产生的模拟量信号通过 A/D 转换送入数字计算机，同时也可以将数字计算机所产生的数字量信号通过 D/A 转换送至模拟机或其他设备。

3）开关量输入输出通道

开关量输入输出通道用于采集或输出开关量信号。

4）复位按钮（Reset）

复位按钮是位于多用途测控实验装置面板左下方的绿色按钮，用于重新建立多用途测控实验装置与数字计算机之间的逻辑连接（左边第一个指示灯点亮表示逻辑连接良好，否则表示逻辑连接断开）。

5）电阻、电容元件

电阻、电容元件主要用于补充教学实验模拟机电阻、电容元件数量方面的不足。

多用途测控实验装置的主要作用包括：

（1）充当教学实验模拟机与个人计算机之间数据交换的桥梁；

（2）提供独立的电阻和电容元件，以增强实验方案选择上的灵活性。

2.3.2　控制系统模拟方法

1. 直接编排法

直接编排法是按照系统方框图直接在模拟机上排题的方法。首先将控制系统的开环传递函数分解成若干个便于模拟的典型环节，利用各典型环节的模拟电路并确定电路中元件的参数，根据控制系统的传递函数数学模型画出系统方框图，最后将各个典型环节的模拟电路按系统方框图连接起来，即可得到控制系统的模拟电路。

例如，某单位负反馈控制系统的开环传递函数为

$$G(s) = \frac{9}{s(s+3)}$$

首先将开环传递函数分解成三个典型环节：惯性环节 $\dfrac{1}{\frac{1}{3}s+1}$、比例环节 $K=3$ 和积分环节 $\dfrac{1}{s}$。

1）惯性环节 $\dfrac{1}{\frac{1}{3}s+1}$

由数学模型可知该惯性环节的放大系数 $K=1$，时间常数 $T=1/3$，结合图 2-9 惯性环节的模拟电路，根据模拟机的实际情况选取阻值大小合适的 R_1，例如选择 R_1 为 330 kΩ，则 $R_2 = K \cdot R_1 = 330\ \text{kΩ}$，$C = \dfrac{T}{R_2} \approx 1\ \mu\text{F}$，对应的模拟电路如图 2-13 所示。

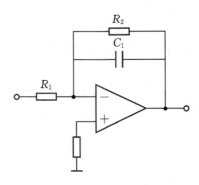

图 2 - 13　惯性环节模拟电路图

2)比例环节 $K=3$

由数学模型可知该比例环节的比例增益 $K=3$,结合图 2 - 4(a)比例环节的模拟电路,如选择 R_3 为 100 kΩ,则 $R_4 = K \cdot R_3 = 300$ kΩ,对应的模拟电路如图 2 - 14 所示。

3)积分环节 $\dfrac{1}{s}$

由数学模型可知该积分环节的积分时间常数 $T=1$,结合图 2 - 6 积分环节的模拟电路,如选择 R_5 为 100 kΩ,则 $C_2 = \dfrac{T}{R_1} = 10$ μF,对应的模拟电路如图 2 - 15 所示。

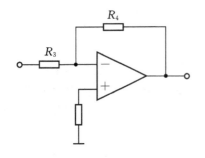

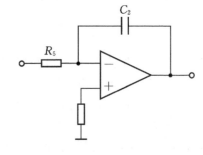

图 2 - 14　比例环节模拟电路图　　　　　图 2 - 15　积分环节模拟电路图

将三个环节的模拟电路串联起来就是该单位负反馈控制系统开环传递函数的模拟电路图,在此基础上加入一个反馈信号即可构成所对应的闭环系统模拟电路图,反馈信号与输入信号以比例相加的形式连接,参照图 2 - 4(b)的比例加法器可知,反馈信号的输入电阻 R_6 应为 330 kΩ,连接好的电路图如图 2 - 16 所示。

由于每经过一个运算放大器,信号的极性改变一次,在本次系统中,共有三个运算放大器,所以输出信号和输入信号的极性相反,为了使两个信号的极性相对,可在输出端参照图 2 - 2 加入一个反相器,本次在模拟机上可选择 $R_7 = R_8 = 100$ kΩ 的电阻,如图 2 - 17 所示。

最后按系统模拟电路总图,将各典型环节的模拟电路连接起来,即可得到系统的模拟电路。

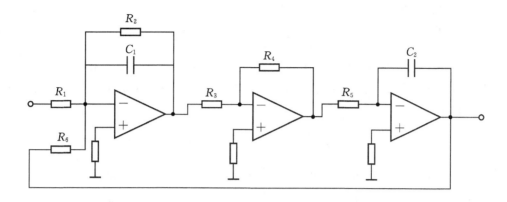

图 2-16　闭环系统模拟电路图

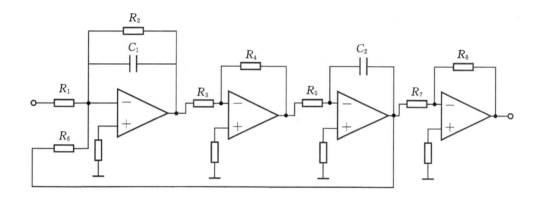

图 2-17　控制系统的模拟电路总图

　　绘制系统的模拟电路时,应当注意信号的极性。每经过一个运算放大器,信号的极性改变一次。为了得到负反馈的极性或同相输出,有时需要设置反相器。

　　利用直接编排法进行模拟的优点是运算部件数目较少,其缺点是为满足不同参数需要,必须具备各种数值的电阻和电容,增加了实验设备的复杂性。

　　2.逐步积分法

　　将系统微分方程中最高导数项分离出来,输入到一串积分器中进行积分,从而逐次得到各低阶导数,然后按方程的关系将每个积分器的输出反馈到输入端进行代数相加,形成闭合回路,使模拟电路图的方程与微分方程的关系一致。

　　例如,试用逐步积分法绘制上例开环传递函数的单位负反馈控制系统的模拟电路图。该系统的闭环传递函数为

$$\frac{C(s)}{R(s)} = \frac{9}{s^2 + 3s + 9}$$

式中:$C(s)$为系统的输出量;$R(s)$为系统的输入量。

该系统的微分方程为

$$\frac{\mathrm{d}^2 c}{\mathrm{d}t^2} + 3\frac{\mathrm{d}c}{\mathrm{d}t} + 9c = 9r$$

由于积分器比微分器抗干扰性能好,在模拟系统微分方程时一般采用积分器,故必须将微分方程输出函数的最高阶导数项保留在等式左边,把其余各项全部移到等式右边,即分离出最高导数项,可得到

$$\frac{\mathrm{d}^2 c}{\mathrm{d}t^2} = -3\frac{\mathrm{d}c}{\mathrm{d}t} + (-9c + 9r) \tag{2-27}$$

将最高阶导数项 $\frac{\mathrm{d}^2 c}{\mathrm{d}t^2}$ 作为第一积分器的输入,后面每经过一个积分器,输出的函数导数就会降低一阶,直到获得输出 c 为止,结合图 2-6 积分环节的模拟电路,根据模拟机的实际情况选取阻值大小合适的 R_1、R_2,例如选择 $R_1 = R_2 = 100\ \mathrm{k\Omega}$,则 $C_1 = C_2 = \frac{T}{R_1} = 10\ \mu\mathrm{F}$,两个积分器串联后所对应的模拟电路如图 2-18 所示。

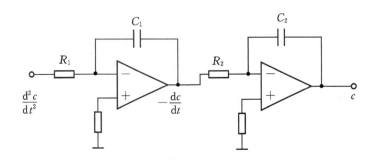

图 2-18　导数项积分电路图

将输出 c 与它的各阶导数项,利用比例或比例加法器完成式(2-27)右侧的算术表达式。输出信号 c 经过反相器后,如取 $R_9 = 100\ \mathrm{k\Omega}$,则 $R_{10} = 100\ \mathrm{k\Omega}$,可得出 $-c$ 信号,然后通过比例加法器即可得出 $(-9c + 9r)$ 的信号。图 2-4(b)中的比例加法器为三个信号相加,此时只需要两个输入信号即可,且 $\frac{R_5}{R_3} = \frac{R_5}{R_4} = 9$,例如取 $R_5 = 900\ \mathrm{k\Omega}$,则 $R_3 = R_4 = 100\ \mathrm{k\Omega}$。表达式中的 $-3\frac{\mathrm{d}c}{\mathrm{d}t}$ 信号是 $-\frac{\mathrm{d}c}{\mathrm{d}t}$ 信号经过比例增益为 3 的比例环节得到的,该比例环节可参照上节中的比例环节模拟电路设置,例如取 $R_{11} = 100\ \mathrm{k\Omega}$,则 $R_{12} = 3R_{11} = 300\ \mathrm{k\Omega}$。再经过一个比例加法器,如取 $R_8 = 100\ \mathrm{k\Omega}$,且 $\frac{R_8}{R_6} = \frac{R_8}{R_7} = 1$,则 $R_6 = R_7 = 100\ \mathrm{k\Omega}$。最后可得出式(2-27)右侧算术表达式所对应的模拟电路图,如图 2-19 所示。

通过上述方法,并假设控制系统的微分方程初始条件为零,就可绘制出该系统的模拟电路总图,如图 2-20 所示。由此可见,同一个数学模型,可以用不同的模拟电路来实现。方法不同使用的运算放大器数量可能不同,但积分器的个数总是相同的(积分器的个数等于微分方程的阶数)。

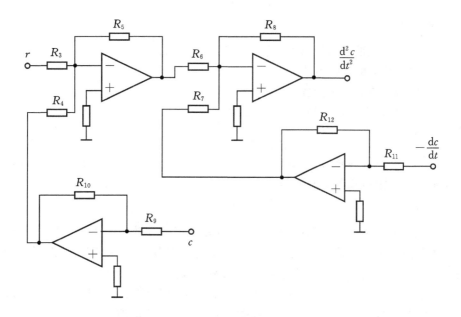

图 2 - 19　求导数项电路图

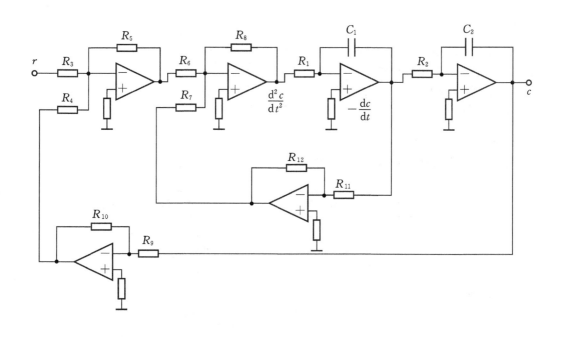

图 2 - 20　控制系统的模拟电路总图

2.4　典型环节的电子模拟实验

利用教学实验模拟机模拟组成控制系统的典型环节,以熟悉典型环节的基本动态特性。

实验方法:通过在典型环节模拟电路输入端加入阶跃信号,观察其输出响应的变化曲线。

1. 实验目的

(1)了解教学实验模拟机的组成、工作原理及使用方法。

(2)学习典型环节的模拟方法。

(3)熟悉典型环节的动态特性。

(4)了解电路阻、容参数对相应环节动态特性的影响。

2. 实验原理

本实验的基本原理为系统之间的相似性原理。通过对典型环节动态特性的深入了解，为自动控制理论的学习奠定良好的基础。

3. 实验方法

本实验采用复合网络法模拟各种典型环节，即利用运算放大器不同的输入网络和反馈网络模拟各种典型环节。首先，根据给定的典型环节电路图将其连接起来，以获得相应的模拟电路；然后，将阶跃信号加到模拟电路的输入端，并将其输出端连接到多用途测控实验装置的模拟量输入端，以完成模数转换，并将转换后的数字量信号通过其 USB 接口送到数字计算机；另外，为了便于观察典型环节的动态特性，输入信号也需通过多用途测控实验装置送到数字计算机；最后，通过运行驻留在数字计算机中的 MATLAB 专用程序，获得典型环节的动态响应曲线。

4. 实验设备

(1)教学实验模拟机。

(2)多用途测控实验装置。

(3)计算机(含 MATLAB 软件)。

(4)万用表。

5. 实验系统的基本结构

电子模拟实验系统的基本结构如图 2 - 21 所示。

图 2 - 21　电子模拟实验系统的基本结构

6. 实验内容

1)比例环节

比例环节方框图与模拟电路如图 2 - 22 所示。图中：$K = \dfrac{R_f}{R}$，$x_i(t) = -3\ \text{V}$。

分别求取：

(1) $R = R_f = 100\ \text{k}\Omega$；

(2) $R = 100\ \text{k}\Omega$，$R_f = 20\ \text{k}\Omega$；

(3) $R = 100\ \text{k}\Omega$，$R_f = 1\ \text{M}\Omega$ 时的阶跃响应曲线。

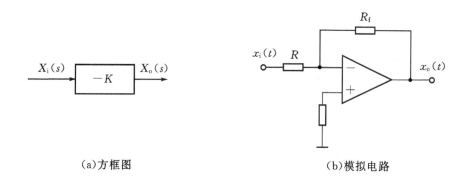

（a)方框图　　　　　　　　　　　　　　（b)模拟电路

图 2-22　比例环节方框图与模拟电路

2）积分环节

积分环节方框图与模拟电路如图 2-23 所示。图中：$T=RC$，$x_i(t)=-1$ V。

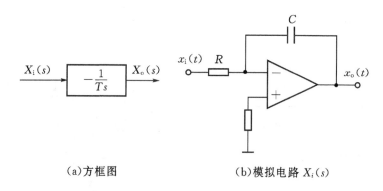

（a)方框图　　　　　　　　　　　　　　（b)模拟电路 $X_i(s)$

图 2-23　积分环节方框图与模拟电路

分别求取：

（1）$R=100$ kΩ，$C=5$ μF；

（2）$R=100$ kΩ，$C=1$ μF；

（3）$R=1$ MΩ，$C=1$ μF 时的阶跃响应曲线。

3）比例积分环节

比例积分环节方框图与模拟电路如图 2-24 所示。图中：$K_P=\dfrac{R_f}{R}$，$T=R_fC$，$x_i(t)$ $=-1$ V。

分别求取：

（1）$R=R_f=100$ kΩ，$C=5$ μF；

（2）$R=100$ kΩ，$R_f=20$ kΩ，$C=5$ μF；

（3）$R=R_f=100$ kΩ，$C=10$ μF 时的阶跃响应曲线。

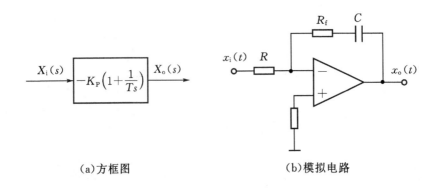

（a）方框图　　　　　　　　　（b）模拟电路

图 2-24　比例积分环节方框图与模拟电路

4）比例微分环节

比例微分环节方框图与模拟电路如图 2-25 所示。图中：$K_P = \dfrac{R_1 + R_3}{R}$，$k_D = \dfrac{R_1 R_3}{(R_1 + R_3)R_4}$，$T_D = R_2 C$，$x_i(t) = -0.5 \text{ V}$。

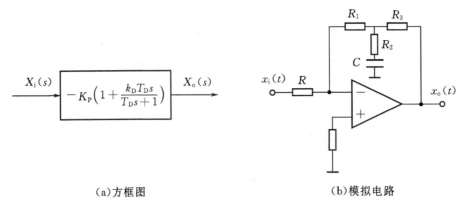

（a）方框图　　　　　　　　　（b）模拟电路

图 2-25　比例微分环节方框图与模拟电路

分别求取：

(1) $R = R_1 = R_2 = R_3 = 1 \text{ M}\Omega$，$C = 2 \text{ μF}$；

(2) $R = 2 \text{ M}\Omega$，$R_1 = R_2 = R_3 = 1 \text{ M}\Omega$，$C = 2 \text{ μF}$；

(3) $R = 2 \text{ M}\Omega$，$R_1 = R_2 = R_3 = 1 \text{ M}\Omega$，$C = 4.7 \text{ μF}$ 时的阶跃响应曲线。

5）比例积分微分环节

比例积分微分环节方框图与模拟电路如图 2-26 所示。图中：$K_P = \dfrac{R_1 + R_3}{R} + \dfrac{R_3 C_2}{R C_1}$，

$T_I = (R_1 + R_3)C_1 + R_3 C_2$，$k_D = \dfrac{R_1 R_3 C_1 C_2 - R_2 R_3 C_2^2}{R_2 C_2 (R_1 C_1 + R_3 C_1 + R_3 C_2)}$，$T_D = R_2 C_2$，$x_i(t) = -0.5 \text{ V}$。

分别求取：

(1) $R = 4 \text{ M}\Omega$，$R_1 = R_2 = R_3 = 1 \text{ M}\Omega$，$C_1 = C_2 = 4.7 \text{ μF}$；

(2) $R = 4 \text{ M}\Omega$，$R_1 = R_3 = 1 \text{ M}\Omega$，$R_2 = 100 \text{ k}\Omega$，$C_1 = C_2 = 4.7 \text{ μF}$ 时的阶跃响应曲线。

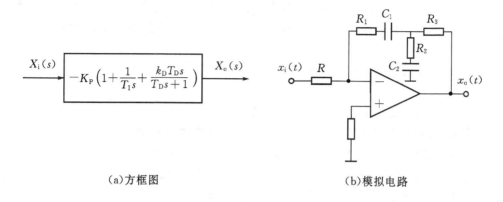

（a）方框图   （b）模拟电路

图 2-26　比例积分微分环节方框图与模拟电路

6）惯性环节

惯性环节方框图与模拟电路如图 2-27 所示。图中：$K=\dfrac{R_f}{R}$，$T=R_f C_f$，$x_i(t)=-2$ V。

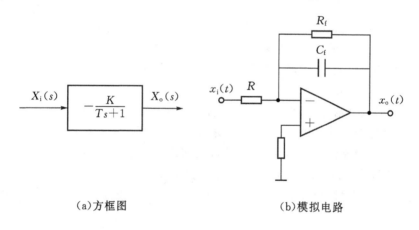

（a）方框图   （b）模拟电路

图 2-27　惯性环节方框图与模拟电路

分别求取：

(1) $R_f=R=100$ kΩ，$C_f=4.7$ μF；

(2) $R_f=200$ kΩ，$R=100$ kΩ，$C_f=4.7$ μF；

(3) $R_f=R=100$ kΩ，$C_f=1$ μF 时的阶跃响应曲线。

7. 实验步骤

(1)用导线将模拟机和多用途测控实验装置的"地"连接起来。

(2)选择阶跃信号的极性为"＋"。

(3)对于各项典型环节模拟实验，应在阶跃信号源与模拟电路之间设置一个反相器，反相器实际上是 $K=-1$ 的比例环节，把经过反相器后的信号作为模拟电路的输入信号。

(4)根据实验内容对输入信号的要求调整阶跃信号的幅度。

(5)根据给定的实验电路，在模拟机排题板上搭建相应的模拟电路。

(6)将模拟电路的输入端连接到反相器的输出端,模拟电路的输出端连接到电压表。

(7)将阶跃信号和模拟电路输出端信号分别连接到多用途测控实验装置 A/D 端口的 C1、C2 端子。

(8)观察电压表指针示值是否偏离零位,若偏离零位,则通过"放大器清零"按钮进行放电操作。

(9)检查多用途测控实验装置的左上方指示灯是否处于点亮状态(点亮表示其逻辑连接正常),若"是",则继续下一步操作,"否"则按下 Reset 键进行复位。

(10)在 MATLAB 命令窗口键入命令:gather(c),c 为常数 1~5(建议 c 取 3)。

(11)将阶跃信号发生器开关由"off"扳向"on",以产生阶跃信号。

(12)等待,直到屏幕上出现曲线窗口(等待时间大约为 24 s)。

(13)将阶跃信号发生器开关由"on"扳向"off",关断阶跃信号。

(14)观察输入、输出波形,对其正确性进行分析,如波形正确则记录波形,否则排查原因,纠正错误。

(15)从步骤(4)开始新的实验内容或从步骤(8)开始重新进行本项实验。

8. 实验注意事项

(1)在连接或调整模拟电路时,应确保电路输入信号处于关断状态。

(2)各运算单元中的元件,仅供本单元构成运算电路时使用,不能跨单元连接。若实验中确需特殊参数的电阻或电容,而本单元中没有,可从多用途测控实验装置上选取(必要时,可使用电阻、电容的串、并联)。

(3)在进行"放大器清零"操作时,应确保输入信号处于关断状态,并注意观察电压表的读数,当其读数为零时说明放电完毕,切勿操之过急,影响后续实验结果。

(4)实验时应将待观测信号(模拟电路的输入和输出信号)连接到多用途测控装置 A/D 端口的 C1 和 C2 通道,并确保模拟机和多用途测控装置"共地"。

(5)注意观察多用途测控装置上左边第一个指示灯是否点亮,若熄灭,应利用 Reset 按钮重新建立逻辑连接。

(6)在可变电阻阻值范围内进行调节,不可超出阻值量程范围,以免损坏可变电阻及相关部件。

(7)若发现面板插孔或可变电阻松动,应及时向指导教师反映,以免发生短路、断路或接触不良的情况,造成不必要的损失,影响实验进程。

9. 实验报告要求

(1)实验报告的内容应包括实验目的、实验设备、实验原理、实验内容、实验曲线等。

(2)画出实验中典型环节的模拟电路图。

(3)绘制各种情况下的系统阶跃响应曲线(注意:将同一模拟电路的实验曲线记录在一个坐标系中,阶跃输入曲线只需记录一条)。

10. 思考题

(1)积分环节与惯性环节的主要区别有哪些?

(2)根据惯性环节的模拟电路和实验曲线,分析其在什么条件下可视为比例环节,在什么条件下可视为积分环节? 能否通过实验验证?

(3)如何由阶跃响应曲线确定惯性环节、积分环节的传递函数？试举例说明之。

2.5 二阶系统的电子模拟实验

利用教学实验模拟机模拟计算二阶自动控制系统,学习一阶以上的自动控制系统模拟计算方法。实验方法:使用典型环节模拟电路串联或并联成二阶系统模拟电路,在输入端加入阶跃信号,观察二阶系统输出响应的变化曲线。

1. 实验目的
(1)学习二阶系统的模拟方法,进一步熟悉模拟计算机的使用。
(2)了解特征参数无阻尼自然振荡频率 ω_n 和阻尼比 ζ 对二阶系统动态特性的影响。

2. 实验原理
实验原理与典型环节的电子模拟实验相同。

3. 实验设备
(1)教学实验模拟机。
(2)多用途测控实验装置。
(3)计算机(含 MATLAB 软件)。
(4)万用表。

4. 实验内容
典型二阶系统的闭环传递函数为

$$G(s) = \frac{X_o(s)}{X_i(s)} = \frac{\omega_n^2}{s^2 + 2\zeta\omega_n s + \omega_n^2}$$

式中:$\omega_n = \dfrac{1}{T} = \dfrac{1}{RC}$ 为无阻尼自然频率;$\zeta = \dfrac{R_f}{2R_i}$ 为阻尼比。

ω_n、ζ 的表达式说明,改变电阻或电容参数可以改变二阶系统的无阻尼自然频率和阻尼比。ω_n 和 ζ 决定着二阶系统的动态特性,所以改变电阻或电容参数,意味着改变系统的动态特性。

典型二阶系统方框图如图 2-28 所示。

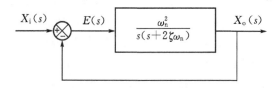

图 2-28 典型二阶系统方框图

根据系统的数学模型可编排出对应二阶系统的模拟电路,可参考图 2-29。

当 $x_i(t) = 2\,\mathrm{V}$ 时,分别求取:

(1)$R_f = 100\,\mathrm{k\Omega}$,$R_i = 500\,\mathrm{k\Omega}$,$R = 100\,\mathrm{k\Omega}$,$C = 5\,\mu\mathrm{F}$;

(2)$R_f = 500\,\mathrm{k\Omega}$,$R_i = 500\,\mathrm{k\Omega}$,$R = 100\,\mathrm{k\Omega}$,$C = 5\,\mu\mathrm{F}$;

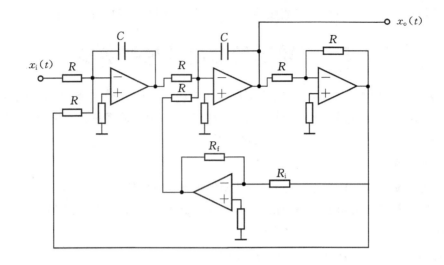

图 2 - 29 典型二阶系统模拟电路

(3)$R_f=1$ MΩ,$R_i=500$ kΩ,$R=100$ kΩ,$C=5$ μF 时的阶跃响应曲线。

5. 实验步骤

(1)使用导线将模拟机和多用途测控实验装置的"地"连接起来。

(2)选择阶跃信号的极性为"＋"。

(3)调整阶跃信号的幅度。

(4)根据给定的实验电路,在模拟机排题板上搭建相应的模拟电路。

(5)将模拟电路的输入端连接到阶跃信号的输出端,模拟电路的输出端连接到电压表。

(6)将阶跃信号和模拟电路输出端信号分别连接到多用途测控实验装置 A/D 端口的 C1、C2 端子。

(7)观察电压表指针示值是否偏离零位,若偏离零位,则通过"放大器清零"按钮进行放电操作。

(8)检查多用途测控实验装置的左上方指示灯是否处于点亮状态(点亮表示其逻辑连接正常),若"是",则继续下一步操作,若"否",则按下 Reset 键进行复位。

(9)在 MATLAB 命令窗口键入命令:gather(c),c 为常数 1～5(建议 c 取 5)。

(10)将阶跃信号发生器开关由"off"扳向"on",以产生阶跃信号。

(11)等待,直到屏幕上出现曲线窗口(等待时间大约为 40 s)。

(12)将阶跃信号发生器开关由"on"扳向"off",关断阶跃信号。

(13)观察输入、输出波形,对其正确性进行分析,如波形正确则记录波形,否则排查原因,纠正错误。

(14)从步骤(4)开始新的实验内容或从步骤(7)开始重新进行本项实验。

6. 实验注意事项

(1)由于二阶系统的电路需要用到多个运算单元,建议按照运算单元前后顺序进行连接,以免出现较多导线交叉,导致电路连接错误。

(2)二阶系统的模拟电路和阶跃信号之间无需加入反相器。

(3)其他注意事项可参考 2.4 节列出的实验注意事项。

7. 实验报告

(1)实验报告的内容应包括实验目的、实验设备、实验原理、实验内容、实验曲线等。

(2)画出实验中二阶系统的模拟电路图。

(3)绘制各种情况下的二阶系统阶跃响应曲线(注意:将实验曲线记录在一个坐标系中,输入曲线只需记录一条)。

8. 思考题

(1)参照典型二阶系统数学模型

$$G(s) = \frac{X_o(s)}{X_i(s)} = \frac{\omega_n^2}{s^2 + 2\zeta\omega_n s + \omega_n^2}$$

推导实验电路的闭环传递函数 $\dfrac{X_o(s)}{X_i(s)}$,并确定 ω_n、ζ 与 R、C、R_f、R_i 间的关系。

(2)在二阶系统的模拟实验中,若 $x_o(t)$ 的稳态值不等于阶跃输入函数 $x_i(t)$ 的幅值,其主要原因是什么?

(3)根据二阶系统的阶跃响应曲线确定峰值时间 t_p、超调量 δ(若存在),并用其计算 ω_n 和 ζ。

(4)教学实验模拟机进行高阶系统实验的限制有哪些?

第3章　MATLAB 控制系统仿真

3.1　数字计算机仿真概述

第2章介绍了控制系统的模拟仿真实验,模拟仿真是通过电子元器件组成的电路实现的,可以实现实时仿真,但其计算精度较低(取决于元件参数的精度);数字计算机通过对数字量进行运算求解控制系统的数学模型,采用数字计算机进行仿真称为数字仿真。现代数字计算机已具有很高的运算速度,某些专用的数字计算机的运算速度更高,能够满足大部分系统仿真的运算要求,由于软件、接口和终端技术的发展,人机交互性也已有很大提高,使数字计算机成为自动控制系统分析、设计和实验中更为有效的工具。

数字计算机仿真有三个要素:系统、模型和计算机。其中,系统为研究的对象,模型是对系统的抽象,计算机为工具与手段。对应这三个要素,仿真的主要内容为建模、仿真实验和对结果的分析,如图 3-1 所示。

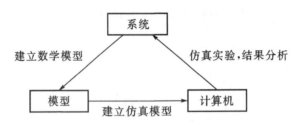

图 3-1　数字计算机仿真三要素

一般而言,数字计算机仿真步骤如下。

1. 建立数学模型

控制系统的数学模型是系统仿真的主要依据,所以数学模型的准确性是十分重要的。系统的数学模型是描述系统输入、输出变量以及内部各变量之间关系的数学表达式。描述系统诸变量间静态关系的数学表达式称为静态模型,描述系统诸变量间动态关系的数学表达式称为动态模型。常用的基本数学模型是微分方程与差分方程。

2. 建立仿真模型

对象的数学模型,如微分方程,并不能直接用来进行仿真,还需将其转换为适合计算机处理的形式,即仿真模型。具体地说,模拟仿真应将数学模型转换成模拟排题图;数字仿真应将数学模型转换成源程序。非实时系统的仿真,用普通高级语言编制仿真程序。快速的实时系统仿真,常用汇编语言编制仿真程序。当然,也可以直接利用仿真语言。仿真软件种类很多,例如用 MATLAB 的工具箱(Toolbox)及其 Simulink 仿真集成环境作为仿真工具的 MATLAB 仿真。

3. 进行仿真实验并输出仿真结果

进行仿真实验,按照系统仿真的要求输出仿真结果,分析仿真结果并得出相应的结论。

使用数字计算机进行控制系统仿真实验具有以下优点:①计算机具有良好的图形界面,实验中可以得到各种图形和曲线,如时域响应、频率特性、根轨迹曲线等,这些曲线绘制精确,使用者可以直观地了解系统的变化和特性;②在计算机上利用程序完成各种实验,可以很方便地改变系统的参数,并得到系统响应的结果;③随着计算机技术的发展,计算机的功能越来越完善,可以在计算机上实现各种类型控制系统的实验;④在计算机上开展实验成本低,利于不断更新并补充新的实验内容。

使用数字计算机进行控制系统仿真时,所建立的模型是用数学的方法进行描述,获得实际系统的简化近似模型,对模型进行求解时的方法也有很多种。因此,数字计算机仿真不是一次性的计算或求解过程,而是一个反复多次的分析过程,不断地调整数学模型和仿真模型以及求解方法进行仿真计算,直至得到一个相对精确的结果。数字仿真结果的精度与建立的仿真模型和模型的求解方法直接相关。对仿真模型求解计算时,就需要选择一个合适的数值计算方法。

3.2　常用数值积分计算方法

数字仿真过程中,仿真模型的建立根据对象的不同有以下两种方法:一种是面向动力学系统的常微分方程的数值积分方法;另一种是面向离散事件系统的概率模型方法。在自动控制原理教学中介绍的连续系统的动态特性一般可用常微分方程或常微分方程组来描述,所以要在计算机上编制这些程序,必须确定求解常微分方程的数值积分方法。连续系统的数值积分方法就是利用数值积分方法对常微分方程(组)建立离散化形式的数学模型——差分方程,并求其数值解。常用的数值积分方法有单步法、多步法和预测矫正法三类。

(1)单步法:欧拉(Euler)法和龙格-库塔(Runge-Kutta)法。

(2)多步法:亚当斯-巴士福夫(Adams-Bashforth)法、亚当斯-莫尔登(Adams-Moulton)法、梯形积分法。

(3)预测-矫正法。

在各种常用的数值积分方法中,欧拉法是基础,下面简单介绍一下欧拉法。

假设系统数学模型的一阶微分方程形式及初值为

$$\dot{y}(t) = f(y(t), t) \quad y(0) = y_0 \tag{3-1}$$

这个问题的解析解,在高等数学中已经给出。我们的任务是得出这个问题的数值解。欧拉法由下式给出

$$y_{n+1} = y_n + h \cdot \dot{y}_n \tag{3-2}$$

式中:y_{n+1}是t_{n+1}时刻的$y(t)$值;y_n是t_n时刻的$y(t)$值;h为仿真步长;$\dot{y}_n$是$y(t)$在t_n时刻的导数。欧拉法的几何意义如图3-2所示。

由图3-2可以看出,在t_{n+1}时刻的值与欧拉法所得到的值有一偏差,当h趋向0时,y_{n+1}十分逼近$y(t)$在t_{n+1}时刻的真实值y_{n+1}。如果将$y(t)$在t_n时刻进行泰勒展开,那么欧拉法就是泰勒展开式前二项。$y(t)$在t_n时刻进行的泰勒展开式如下

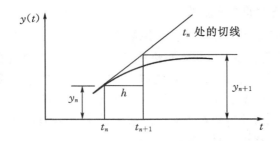

图 3-2 欧拉法的几何意义

$$y_{n+1} = y_n + \dot{y}(t_n) \cdot (t_{n+1} - t_n) + \frac{(t_{n+1} - t_n)^2}{2!}\ddot{y}(t_n) + \cdots \qquad (3-3)$$

式中：$t_{n+1} - t_n = h$。

以 h 的二次以上的高次项为误差时，当 h 趋向 0 时，误差趋向于 0。若考虑泰勒展开式的前三项时，则为龙格-库塔法。关于龙格-库塔法不再作详细的推导。

欧拉法和龙格-库塔法有一个共同点，即在它们的计算公式中，为求 y_{n+1} 只需利用前一个节点处的 y_n 值，因而只要给定初值 $y(t_n) = y_0$，就可以由它们的计算公式依次计算出初值问题在各个节点处的近似解。凡具有这种特点的数值解法称为单步法。

手动进行数值积分求解是一个复杂、耗时而且极易出错的过程，随着计算机技术的发展和应用，现在已经有很多成熟的商业软件能够实现数值积分的快速、精确计算。其中 MATLAB/Simulink 是一个功能强大、便于操作的仿真计算软件工具，在数学求解、控制系统仿真方面应用非常广范。

3.3 MATLAB 及其基本仿真方式

MATLAB 是美国 MathWorks 公司开发的一种数学软件，主要用于算法开发、可视化图形处理、数据分析以及数值计算，主要包括 MATLAB 和 Simulink 两大部分。它将数值分析、矩阵计算、图形处理和仿真等强大功能集成在一个极易使用的交互式环境中，为科学研究和工程设计等领域提供了一种高效的编程工具。本书中所介绍使用的是 MathWorks 于 2004 年推出的版本 MATLAB 7.0。

MATLAB 作为一种综合计算仿真软件，面向理工科不同领域，功能强大、使用方便，而更大的优点在于它的高度开放性。因此，MATLAB 成为理工类多个学科仿真中的首选工具。自 MATLAB 面世以来，随着其附带的软件工具日趋完善，应用范围越来越广，特别是 MATLAB 的控制系统工具箱及 Simulink 的问世，给控制系统的分析与设计带来了极大方便，现已成为风行国际的、强有力的控制系统计算机辅助分析工具。

MATLAB 提供两种基本仿真方式，一是基于 MATLAB 的函数指令方式，即仿真模型的创建与仿真均是通过一串 MATLAB 的函数或指令实现的；二是基于 Windows 的模型化图形输入仿真环境 Simulink。

3.3.1 MATLAB 的函数指令仿真

MATLAB 的函数指令仿真是指在 MATLAB 的集成开发环境下综合利用其编程语言工具和控制系统工具箱所提供的函数进行控制系统仿真的方法。MATLAB 的编程语言不属于本实验教程介绍的范畴，因此不进行系统性介绍，有兴趣的读者可参阅相关教材或技术资料。

控制系统工具箱（Control System Toolbox）是 MATLAB 软件包中专门针对控制系统工程设计的函数和工具集合。该工具箱主要采用 M 文件形式，提供了丰富的算法程序，使控制系统的计算与仿真变得方便易行。

控制系统工具箱主要用于反馈控制系统的分析、设计和仿真，所涉及的领域涵盖经典控制理论和现代控制理论的大部分内容。通过控制系统工具箱，用户可以方便地创建线性时不变系统的传递函数模型、零极点增益模型或状态空间模型。控制系统工具箱既适用于连续时间系统，也适用于离散时间系统，并且可以实现不同模型之间的相互转换。用户还能够轻松地绘制系统的时域或频域响应曲线和开环系统的根轨迹图。

本教程仅就线性时不变连续时间系统仿真所涉及到的函数和基本编程方法进行简单介绍，以使实验者能够完成本教程的实验内容。控制系统仿真常用的 MATLAB 函数请参阅附录 A。

使用 MATLAB 的函数指令方式进行控制系统仿真，首先要建立控制系统 MATLAB 下的仿真模型，利用函数指令编制仿真程序，最后进行仿真实验并输出仿真结果。

1. 建立数学模型

控制系统中常用的数学模型有微分方程、传递函数和状态空间模型。利用 MATLAB 进行控制系统仿真时常用到的数学模型包括传递函数模型和状态空间模型，其中传递函数模型又分为标准传递函数模型和零极点增益模型。

1）标准传递函数模型

连续系统的传递函数为

$$G(s) = \frac{b_1 s^m + b_2 s^{m-1} + \cdots + b_m s + b_{m+1}}{a_1 s^n + a_2 s^{n-1} + \cdots + a_n s + a_{n+1}}$$

对线性定常系统，式中 s 的系数均为常数，且 a_1 不等于零。在 MATLAB 中，上式可以方便地由分子和分母的系数所构成的两个向量唯一地确定，这两个向量分别用"num"和"den"表示，如：

num＝$[b_1, b_2, \cdots, b_m, b_{m+1}]$

den＝$[a_1, a_2, \cdots, a_n, a_{n+1}]$

在 MATLAB 中，用函数命令 tf( )建立标准传递函数模型，其调用格式如下：

sys＝tf(num,den)

2）零极点增益模型

零极点增益模型实际上是标准传递函数模型的另一种表现形式，其原理是分别对系统传递函数模型的分子、分母进行分解因式处理，以获得系统的零点、极点和增益的表示形式，即

$$G(s) = k \frac{(s-z_1)(s-z_2)\cdots(s-z_m)}{(s-p_1)(s-p_2)\cdots(s-p_n)}$$

式中：k 为系统增益；$z_i(i=1,2,\cdots,m)$ 为系统零点；$p_j(j=1,2,\cdots,n)$ 为系统极点。

在 MATLAB 中，零极点增益模型可以用向量 z、p、k 表示，用函数命令 zpk() 建立零极点增益模型，其调用格式如下：

sys = zpk(z,p,k)

3) 状态空间模型

状态方程与输出方程的组合称为状态空间表达式，又称为动态方程，其揭示了系统内部状态对系统性能的影响。状态空间表达式为

$\dot{x} = \boldsymbol{A}x + \boldsymbol{B}u$（状态方程）

$y = \boldsymbol{C}x + \boldsymbol{D}u$（输出方程）

在 MATLAB 中，系统状态空间用（$\boldsymbol{A}$，$\boldsymbol{B}$，$\boldsymbol{C}$，$\boldsymbol{D}$）矩阵组表示，当输入（$\boldsymbol{A}$，$\boldsymbol{B}$，$\boldsymbol{C}$，$\boldsymbol{D}$）矩阵组后，用函数命令 ss() 建立状态空间模型，其调用格式如下：

sys = ss(A,B,C,D)

2. 编制仿真程序

MATLAB 的函数指令仿真有两种常用工作方式：一种是直接交互的指令行（语句或函数名）方式，即在 MATLAB 命令行窗口逐条输入所需指令（语句或函数名），完成后 MAT-LAB 立即逐条解释处理这些指令并显示结果，这种方式又称为"命令行方式"。其特点是操作简单、直观、交互性好，但效率较低；另一种是编程语言方式，将 MATLAB 语句或函数构成的程序存储为以 .m 为扩展名的文件，然后再执行该程序文件，这种工作方式称为 M 文件方式。其特点是便于编辑、保存、执行效率较高，但交互性较差。

MATLAB 集成了强有力的操作开发环境和完整而易于使用的编程语言。从形式上讲，MATLAB 程序文件是一个 ASCII 码文件，扩展名一律为 .m（M 文件的名称由此而来），任何文本编辑器均可对其进行编辑和修改；从特征上讲，MATLAB 是解释型编程语言，其优点是语法简单，程序容易调试，人机交互性强，缺点是运行速度相对较慢（相对于编译型编程语言）；从功能上讲，M 文件大大扩展了 MATLAB 的功能，包含一系列工具箱，如：自动控制、信号处理、小波分析等。

M 文件根据调用方式的不同分为两种形式：脚本文件（Script File）和函数文件（Function File）。这两种文件的扩展名均为".m"。脚本文件是直接包含一系列 MATLAB 命令的文件；而函数文件的第一条语句必须是以 function 引导的定义语句。

1) 脚本文件

当用户需要多次重复执行同一组指令时，多次从键盘上输入相同的指令组比较麻烦，脚本文件可以很好地解决该问题。脚本文件是一种简单的 M 文件，它没有输入、输出参数，所包含的是一组可直接在命令行中执行的指令，这些指令只可访问工作空间（Workspace）中的变量或本文件中创建的变量。

运行一个脚本文件等价于在命令窗口中按相同顺序连续执行文件中的全部命令，这对于解决复杂问题是很有用的。下面的实例进一步说明脚本文件的使用方法。

［例 3-1］　利用 MATLAB 脚本文件程序执行方式绘制一幅"花瓣图案"。

【解】　脚本文件如下：

```
theta = - pi:0.01:pi;                          % "pi"在 MATLAB 中默认为 π
rho(1,:) = 2 * sin(5 * theta).^2;
rho(2,:) = cos(10 * theta).^3;
rho(3,:) = sin(theta).^2;
rho(4,:) = 5 * cos(3.5 * theta).^3;
for i = 1:4
    polar(theta, rho(i,:))                     % 极坐标图形绘制
  pause                                         % 暂停,按任意键继续
end
```

程序运行结果如图 3 - 3 所示。

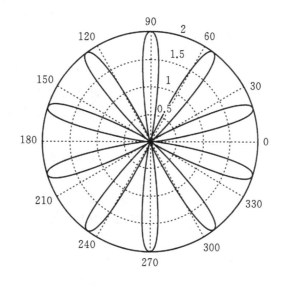

图 3 - 3　例 3 - 1 程序运行结果

2)函数文件

　　如果 M 文件的第一行是 function 语句,则这个文件就是函数文件。每一个函数文件都定义了一个函数。事实上,MATLAB 提供的函数指令大部分都是由函数文件定义的。从使用的角度看,函数是一个"黑匣子",将一些数据送进去计算处理后,再返回计算结果。从形式上看,函数文件与脚本文件的区别之处在于:函数文件所定义的变量,其作用范围是函数文件内部,不在工作空间,且当函数文件执行完毕后,这些内部变量将被清除;而脚本文件所定义的变量是全局变量,执行完毕后仍被保存在工作空间中。

　　函数文件的基本格式如下:

function [返回变量列表] = 函数名(输入变量列表)
函数体语句

更多的内容请参阅 MATLAB 专著。下面的实例进一步说明了函数文件的使用方法。

　　[例 3 - 2]　实验数据采集与曲线绘制程序。

　　【解】　程序清单如下:

```
function gather(temp)
lp = 0;                                    % 循环控制变量初始化
if temp == 1
    lp = 249;
elseif temp == 2
    lp = 498;
elseif temp == 3
    lp = 747;
elseif temp == 4
    lp = 996;
elseif temp == 5
    lp = 1245;
end
if lp>0
    xx = 0:1p;                             % 时间坐标变量初始化
    yy = 1:1p + 1;                         % 数据坐标变量初始化
    zz = 1:1p + 1;
    tic;                                   % 启动秒表
    for i = 1:lp + 1
        yy(i) = dzmiUSB(0,1)/1023 * 4.096; % 读取 CH1 通道的数据
        zz(i) = dzmiUSB(0,2)/1023 * 4.096; % 读取 CH2 通道的数据
    end
    tstop = toc;                           % 秒表停止
    xx = xx./lp. * tstop;                  % 时间量化
    plot(xx,zz,´b´)                        % 绘制 CH2 通道的数据曲线
    hold on;                               % 保持当前坐标系及其内容不变
    plot(xx, yy, ´r´)                      % 绘制 CH1 通道的数据曲线
    grid on                                % 给坐标系添加栅格线
end
```

该函数命令实现了第 2 章电子模拟实验的数据采集,通过传入参数确定采集数据样点数,然后循环反复采集并记录 CH1 通道和 CH2 通道的数据,采集结束后,绘制出 CH1 通道和 CH2 通道数据随时间的变化曲线。

3. 函数指令方式仿真实例

[例 3 - 3] 设单位负反馈系统的前向通道传递函数为 $G(s) = \dfrac{1.25}{s^2 + s}$,试绘制其闭环系统的单位阶跃响应曲线。

【解】 程序清单如下:

```
clear                              % 清除工作空间变量
```

```
num = 1.25;
den = [1 1 0];
s1 = tf(num, den);            % 创建系统的前向通道传递函数
sys = feedback(s1, 1);        % 创建系统的闭环传递函数
step(sys);                    % 绘制闭环系统的单位阶跃响应曲线
grid on                       % 给坐标系添加栅格线
```

程序运行结果如图 3-4 所示。

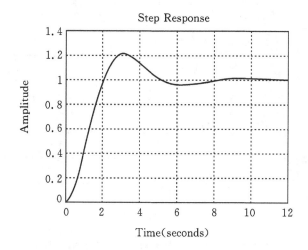

图 3-4　例 3-3 闭环系统的单位阶跃响应曲线

[**例 3-4**]　单位负反馈系统的前向通道传递函数为

$$G_k(s) = \frac{\omega_n^2}{s(s + 2\zeta\omega_n)}$$

当 $\omega_n = 1$，ζ 分别为 $0, 0.3, 0.7, 1, 2$ 时，试绘制其闭环系统的单位阶跃响应曲线。

【**解**】　程序清单如下：

```
clear
zeata = [0 0.3 0.7 1 2];
z = [];
k = 1;
t = 0:0.1:25;                 % 设定响应时间
for i = 1:5;
    p = [0 -2 * zeata(i)];
    sys1 = zpk(z,p,k);
    sys = feedback(sys1, 1);
    step(sys, t)
    hold on                   % 保持图形内当前坐标系及其内容不变
end
```

grid on　　　　　　　　　　% 给坐标系添加栅格线

程序运行结果如图 3-5 所示。

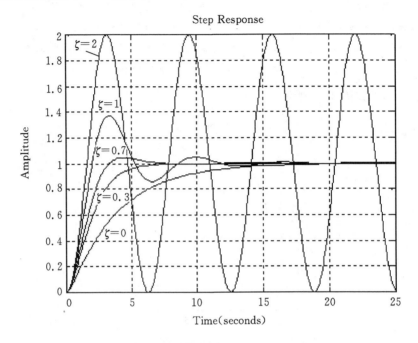

图 3-5　例 3-4 闭环系统的单位阶跃响应曲线

3.3.2　Simulink 仿真

1. 仿真步骤

Simulink 是 MATLAB 提供的系统模型化图形输入与仿真工具,是一种集动态系统建模、仿真与分析于一体的综合、高效仿真平台。它的仿真方式与 MATLAB 函数指令仿真方式的主要区别在于,其与用户交互的接口是基于 Windows 的模型化图形输入,使用户可以把更多的精力投入到系统模型的构建,而非程序语言的学习上。

所谓模型化图形输入是指 Simulink 提供了一些按功能分类的基本系统模块,用户只需要知道这些模块对参数的输入要求、输出格式及模块的功能,而不必考察模块内部是如何实现的,通过对这些基本模块的调用,再将它们按照需要连接起来就可以构成所需的系统仿真模型(以.mdl 文件进行存储),从而进行仿真与分析。

Simulink 仿真环境由模块库和模型窗口组成,其中模块库又由多个模块组构成,而模块组又由多个同类型的基本功能模块构成。控制系统仿真常用的模块组请参阅附录 B。

单击 MATLAB 工具栏的图标，就会弹出一个名为"Simulink Library Browser"的 Simulink 库浏览器窗口,如图 3-6 所示,该窗口以树状列表的形式列出了当前 MATLAB 系统中已安装的 Simulink 模块库。用鼠标单击树状列表模块库中之一,则右边分窗口会显示出此模块库中包含的模块。用鼠标单击选中某个模块项,则中横窗口将显示该模块的相关信息。使用 Simulink 方式进行控制系统仿真,首先要建立控制系统的仿真模型,然后运行仿真模型,输出仿真结果。使用 Simulink 进行仿真计算的步骤如下。

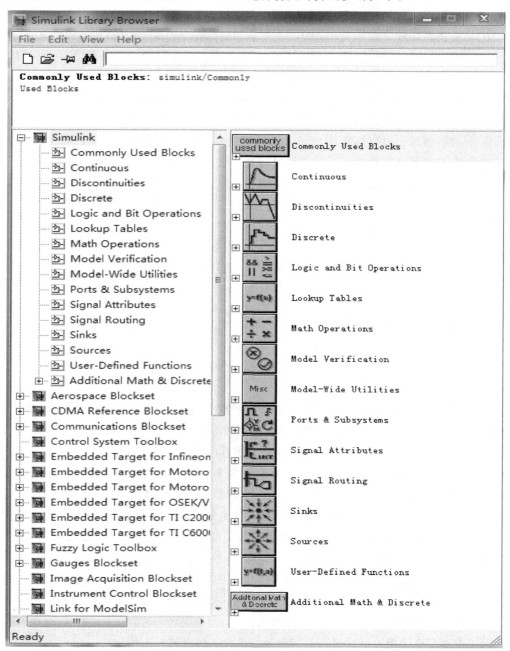

图 3 - 6　Simulink 库浏览器

　　(1)创建模型窗口,在 MATLAB 的命令窗口选择菜单“File”→“New”→“Model”,或者在 Simulink 的模块库浏览器窗口单击工具栏的新建模型□图标。
　　(2)根据给定系统的数学模型,将所需的功能模块,从模块库中复制到模型窗口中。

(3)根据系统的信号流向,将各功能模块连接起来,即可构成所需的系统仿真模型。

(4)按照给定系统的具体要求,修改各模块的参数。构建好一个控制系统的仿真模型之后,检查系统模型无误。

(5)设置仿真参数。选择"Simulation"菜单下的"Configuration Parameters"命令,就会弹出一个仿真参数对话框,如图 3-7 所示。它用多个页面来管理仿真参数:Solver 页面,用于设置仿真的开始时间和结束时间,选择解法器,设置解法器参数及选择一些输出选项;Data Import/Export 页面,用于设置仿真数据导入/导出。Diagnostics 页面,允许用户选择 Simulink 在仿真中显示的警告信息的等级;Real-Time Workshop 页面,主要用于与 C 语言编辑器的交换,通过它可以直接从 Simulink 模型生成代码并且自动建立可以在不同环境下允许的程序,这些环境包括实时系统和单机仿真。

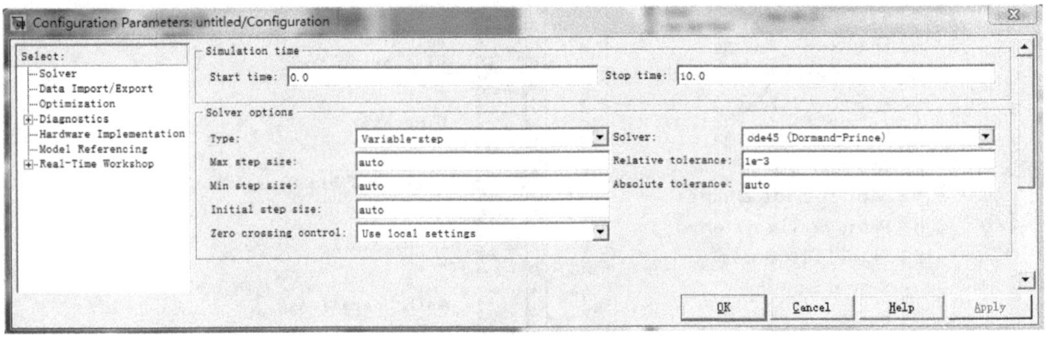

图 3-7　仿真参数对话框

Solver 页面可以进行的设置:选择仿真开始和结束的时间;选择迭代步长;选择解法器,并设定其参数。在进行本章实验时其他页面的参数可按 Simulink 缺省设置。

①Simulation time(仿真时间):注意这里的仿真时间概念和真实的时间并不一样,只是计算机仿真中对时间的一种表示,比如仿真时间为 10,如果采样步长定为 0.1,则需要执行 100 步,若把步长增大,则采样点数减少,那么实际的执行时间就会减少。一般仿真开始时间设置为 0,而结束时间视不同的因素来选择。总的来说,执行一次仿真要耗费的时间依赖于很多因素,包括模型的复杂程度、解法器及其步长的选择、计算机时钟的速度等。

②Type(仿真步长模式):用户在"Type"后面的第一个下拉选项框中指定仿真的步长选取方式,可供选择的有"Variable-step"(变步长)和"Fixed-step"(固定步长)方式。变步长模式可以在仿真的过程中改变步长,提供误差控制和过零检测。固定步长模式在仿真过程中提供固定的步长,不提供误差控制和过零检测。

对于变步长模式用户可以对以下三种步长参数进行设置。

Max step size(最大步长参数):它决定了解法器能够使用的最大时间步长,一般建议使用"auto"默认值即可。Min step size(最小步长参数):一般建议使用"auto"默认值即可。Initial step size(初始步长参数):一般建议使用"auto"默认值即可。

对于变步长模式仿真精度的定义包括:Relative tolerance,Absolute tolerance。Relative tolerance(相对误差):它是指误差相当于状态的值,是一个百分比,缺省值是 1e-3,表示状态的计算值要精确到 0.1%。Absolute tolerance(绝对误差):表示误差值的门限,或者是说在状态值为零的情况下,可以接受的误差,一般建议使用"auto"默认值即可。

③Solver(变步长模式解法器):包括 ode45,ode23,ode113,ode15s,ode23s,ode23t,ode23tb 和 discrete。进行本章实验时选择缺省设置的变步长模式解法器 ode45,ode45;缺省值,适用于大多数连续或离散系统。它是单步解法器,也就是在计算"$y(t_n)$"时,它仅需要最近处理时刻的结果"$y(t_{n-1})$"。一般来说,面对一个仿真问题时应首先考虑使用四/五阶龙格-库塔法求解。对于其他变步长模式解法器和固定步长解法器,请参阅相关教材或技术资料。

(6)启动仿真。选择 Simulation-Start 选项或者点击图标 ▶(Start simulation)来启动仿真,如果模型中有参数没有定义,则会出现错误信息提示框。如果一切设置无误,则开始仿真运行。

(7)仿真结果分析。仿真结果分析是进行建模与仿真的一个重要环节,有助于模型的改进和完善。

2. Simulink 仿真实例

[例 3-5] 已知控制系统的结构如图 3-8 所示,其中 $G(s) = \dfrac{4}{s^2 + 0.4s}$,通过 Simulink 仿真绘制系统在单位阶跃输入信号下的响应曲线。

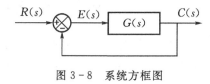

图 3-8 系统方框图

【解】 模型的创建及仿真过程如下。

(1)运行 Simulink,新建一个空白模型窗口。

(2)加入信号源模块库中的"Step"(阶跃信号),数学模块库中的"Sum"(信号求和)和"Gain"(增益),连续模块库中的"Transfer Fcn"(分式形式传递函数),信号接收器模块库中的"Scope"(示波器)。

(3)然后将各模块按照控制系统的方框图连接起来,如图 3-9 所示。

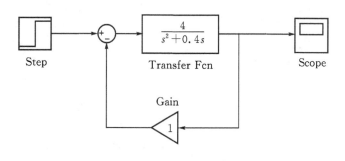

图 3-9 仿真模型

(4)设置"Transfer Fcn"的参数,该模块输入参数有三个,"Numerator"和"Denominator"分别是传递函数分子和分母多项式系数按 S 降幂排列的行向量,对应的值分别为[4]和

[1 0.4 0]；Absolute tolerance（绝对误差），一般建议使用"auto"默认值即可，如图 3 - 10 所示，获得传递函数 $G(s)$ 的模型。

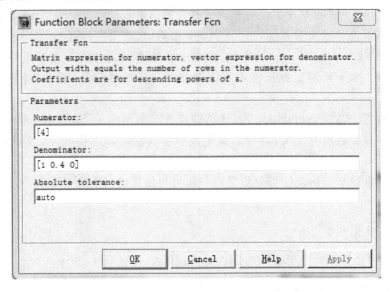

图 3 - 10　传递函数 $G(s)$ 的模型参数设置

　　（5）进行仿真参数设置。仿真之前，要设置仿真的时间、步长和算法。单击模型窗口的"Simulation"菜单下的"Configuration Parameters"对话框，打开仿真参数设置对话框，如图 3 - 11 所示。

　　将仿真时间设置为 30，算法选择中的"Type"选择为"Variable-step"（变步长），并在其右边的算法框内选择"ode45"（四/五阶龙格-库塔法），其他参数按缺省值设置。

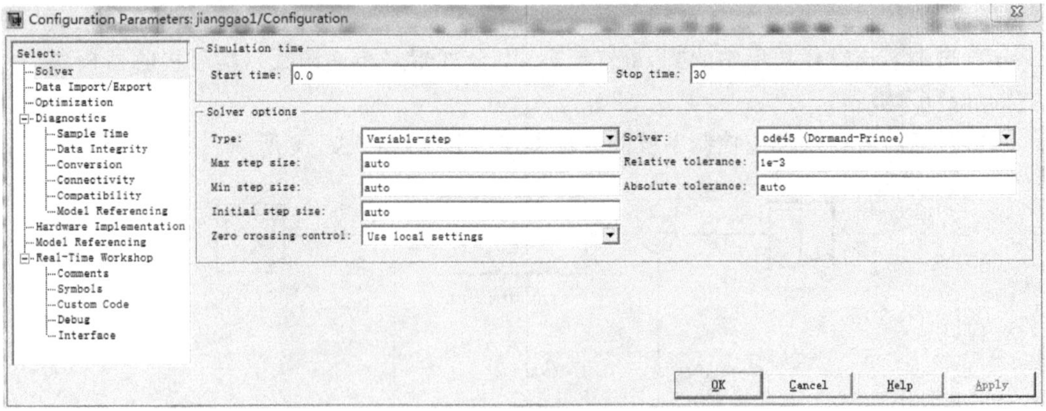

图 3 - 11　仿真参数设置

　　（6）保存模型，启动仿真，进行系统仿真计算，双击示波器模块即可看到仿真计算结果，如图 3 - 12 所示。

　　（7）根据仿真计算结果判断仿真模型的准确性，然后分析系统的稳态特性和动态特性。

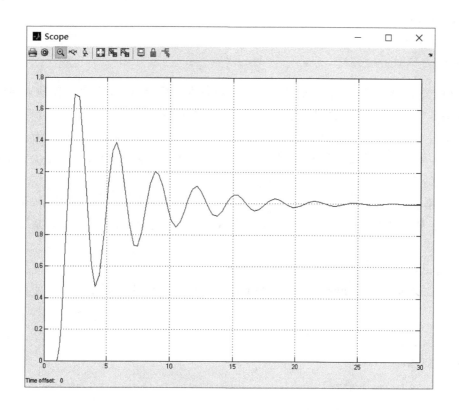

图 3-12　仿真结果

3.4　用 MATLAB 进行控制系统分析

早期的控制系统分析过程复杂而耗时，MATLAB 控制系统工具箱和 Simulink 仿真集成环境的出现，简化了控制系统分析的复杂性，只需使用 MATLAB 函数指令或 Simulink 仿真模型就可以实现控制系统的分析，包括系统的时域分析和频域分析。

3.4.1　时域分析

利用 MATLAB 可以方便地进行控制系统的时域特性分析，如控制系统误差分析、稳定性分析以及绘制根轨迹图。

1. 求系统的瞬态响应

研究控制系统时域特性时，最简单直观的方法就是根据系统的瞬态响应分析其性能指标。这一过程的基本工作是求取系统在典型输入信号的响应。如：

1）step

函数 step 可计算出连续时间线性系统的单位阶跃响应。调用方法可使用以下三种格式：

```
step(sys)
step(sys,t)
[y,t,x] = step(sys)
```

当使用 step(sys)格式时,函数在当前图形窗口中直接绘制出系统的阶跃响应曲线。sys 既可以是多项式对象模型,也可以是零极点增益对象模型。

当使用 step(sys,t)格式时,函数在当前图形窗口中直接绘制出以时间 t 为仿真终止时间的系统的阶跃响应曲线,t 既可以是标量(如 $t=$ Tfinal),也可以是向量(如 $t=0$:dt:Tfinal)。sys 的意义同上。

当使用[y,t,x] = step(sys)格式时,函数只计算系统阶跃响应的输出数据,而不绘制曲线。输出变量 y 是系统响应数据向量,输出变量 t 是时间向量,输出变量 x 是系统的状态轨迹数据(此时为空矩阵)。

2)impulse

函数 impulse 可计算出连续时间线性系统的单位脉冲响应。调用方法可使用以下三种格式:

```
impulse(sys)
impulse(sys,t)
[y,t,x] = impulse(sys)
```

当使用 impulse(sys)格式时,函数在当前图形窗口中直接绘制出系统的脉冲响应曲线。sys 既可以是多项式对象模型,也可以是零极点增益对象模型。

当使用 impulse(sys,t)格式时,函数在当前图形窗口中直接绘制出以时间 t 为仿真终止时间的系统的脉冲响应曲线,t 既可以是标量(如 $t=$ Tfinal),也可以是向量(如 $t=0$:dt:Tfinal)。sys 的意义同上。

当使用[y,t,x] = impulse(sys) 格式时,函数只计算系统脉冲响应的输出数据,而不绘制曲线。输出参数 y、t、x 的意义与 step 函数相同。

2. 误差分析

稳态误差是控制系统时域指标之一,用来表征控制系统稳态响应性能的优劣。稳态误差只对绝对稳定的系统才有意义。利用 MATLAB 求解系统稳态误差常用方法如下。

1)利用 MATLAB 函数指令求取

可采用 limit(ess, s,0)函数求取系统的稳态误差。其中 s 为复变量,ess 为稳态误差的复变函数表达式,该命令作用是求取当复变量 s 趋于 0 时,表达式 ess 的极限。如求开环传递函数 $\frac{1}{s+1}$ 单位负反馈的阶跃响应稳态误差时,ess 表达式为 $\frac{s+1}{s+2}$,函数指令程序如下:

```
clear;
syms s;                    %声明一个符号变量
ess = (s + 1)/(s + 2);
limit(ess, s, 0)           %求极限
```

2)利用 Simulink 求取

根据稳态误差定义:被控量的希望值(输入值)和实际值(输出值)之差。因此,可利用 Simulink 模块库构造仿真系统,用示波器获取系统的偏差信号,从理论上看,当仿真时间足够大时即得到系统的稳态误差。利用 Simulink 求取误差的方法形象直观、操作简单。如求开环传递函数$\frac{1}{s+1}$单位负反馈的阶跃响应稳态误差时,Simulink 模型图如图 3 - 13 所示,将误差信号引入示波器中显示出来,计算完成后示波器内信号的稳定值即为所求。

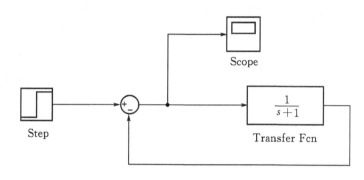

图 3 - 13　系统模型图

3. 稳定性分析

线性系统中,若闭环极点或特征方程的根全部在 s 平面的左半平面,则系统是稳定的;若有闭环极点或特征方程的根位于 s 平面的右半面,则系统是不稳定的。

在通常的手工计算判别时,常使用劳斯判据。劳斯判据指出:当劳斯阵列的第一列元素全为正时,则系统稳定;当劳斯阵列的第一列元素不全为正时,系统不稳定。

用劳斯判据比用判断根方法简单,但是计算机编程较为复杂。MATLAB 可用多种方式判别系统的稳定性。如既可以通过求取系统的零极点,并根据零极点的分布情况判别系统的稳定性;也可以通过求解特征方程的根判别系统的稳定性。如:

pzmap(sys)

画出系统 sys 的零极点图,根据零极点图判断;

roots(den)

求解系统特征方程的根,输入参数 den 为系统特征方程按降幂次排列的多项式系数。

4. 绘制根轨迹图

根轨迹是指,当开环系统某一参数从零变到无穷大时,闭环系统特征方程的根在 s 平面上的轨迹。根轨迹分析法是分析和设计线性定常控制系统的图解方法,可以对系统进行稳定性、稳态性能以及动态性能等各种性能分析。MATLAB 提供了绘制系统根轨迹的命令和方法,使用十分简便。如:

rlocus(sys)

绘制开环系统 sys 的根轨迹。

[例 3 - 6] 已知单位负反馈系统的前向通道传递函数为

$$G(s) = 100 \frac{(s+2)}{s(s+1)(s+20)}$$

试判别其闭环系统的稳定性。

【解】 传递函数形式为零极点形式,其中零点为−2,极点可用行向量表示为[0 −1 −20],增益为100,因此可以用控制系统工具箱的 zp2tf()函数转换成标准形式的传递函数的分子和分母行向量,两向量相加即为求闭环传递函数特征方程多项式系数行向量,用 roots()方法求出相应闭环传递函数特征方程的根,从而可以判断系统的稳定性。

程序清单如下:

```
clear
k = 100;
z = -2;
p = [0 -1 -20];
[num, den] = zp2tf(z, p, k);
sys = tf(num, den);
den1 = num + den;          % 求闭环系统特征方程的系数向量
roots(den1)                % 计算特征根并显示其结果
```

程序运行结果如下:

```
ans =
    -12.8990
    -5.0000
    -3.1010
```

分析:计算数据表明所有特征根的实部均为负值,所以闭环系统是稳定的。

[例 3 - 7] 已知控制系统方框图如图 3 - 14 所示,试判别系统的稳定性。

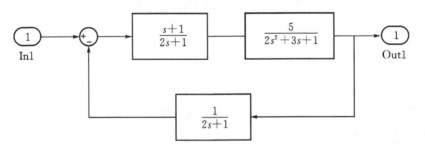

图 3 - 14　系统方框图

【解】 程序清单如下。

该系统数学模型比较复杂,MATLAB能够实现符号运算,所以可先定义一个程序可以识别的复变量 s,有了复变量即可把计算公式转换成相应的数学模型。

```
s = tf('s');               % 定义复变量 s
```

```
G1 = (s + 1)/(2 * s + 1);
G2 = 5/(2 * s^2 + 3 * s + 1);
G = G1 * G2;                    % 创建前向通道传递函数
H = 1/(2 * s + 1);             % 创建反馈通道传递函数
Gc = feedback(G, H);          % 求闭环系统传递函数
pzmap(Gc)                     % 绘制系统零极点图
```

程序运行结果如图 3-15 所示。

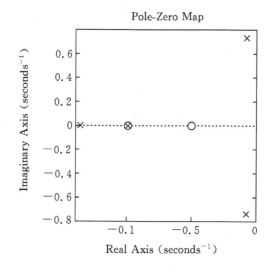

图 3-15　例 3-7 零极点分布图

分析:系统的零极点图,是将传递函数的零点和极点画在复平面上所得到的图,其中零点用○表示,极点用×表示。传递函数各极点的值即传递函数特征方程的根。从图 3-15 中可知,由于特征根全部在复平面的左半平面,即该传递函数特征方程的根全部为负数,所以此负反馈系统是稳定的。

3.4.2　频域分析

控制系统的频率特性频域分析法(简称频域法)是一种图解分析法,通过一些较为简单的图解法就可研究控制系统的绝对稳定性和相对稳定性,并且可以根据给定的性能指标改变系统的结构或参数,达到控制系统分析与设计的目的。

MATLAB 提供了丰富的频域分析函数,包括用于绘制系统的伯德(Bode)图(又称对数频率特性图)、奈奎斯特(Nyquist)图、尼科尔斯(Nichols)图(又称对数幅相图)和求取相关参数的函数,例如:

```
bode (sys)
```

绘制系统 sys 的伯德图,包括对数幅频特性图和对数相频特性图;

```
nyquist(sys)
```

绘制系统 sys 的奈奎斯特图,即以角频率 ω 为参变量,当 ω 从 0→∞ 变化时频率特性构成的向量在复平面上描绘的曲线图;

nichols(sys)

绘制系统 sys 的尼科尔斯图,即将在开环对数幅相图上绘制出闭环特性的等幅值曲线和等相角曲线;

margin (sys)

求系统 sys 的频率特性参数,包括:增益裕量、相角裕量、相位交界频率、增益交界频率,详细可参考附录 A。

[例 3-8] 已知开环传递函数为

$$G(s) = 10 \frac{(0.5s+1)}{s(2s+1)(10s+1)}$$

试绘制其伯德图、奈奎斯特图、尼科尔斯图(见图 3-16)。

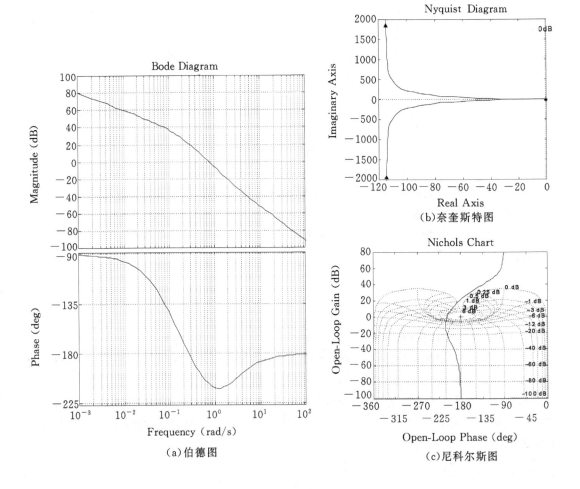

(a)伯德图

(b)奈奎斯特图

(c)尼科尔斯图

图 3-16 系统频域分析图

【解】 通过 MATLAB 求卷积的方法求出分母多项式系数行向量,然后建立传递函数的仿真模型,调用绘图方法绘制频率特性图。程序清单如下:

```
num = [0.5, 1];
den = conv(conv([1,0], [2,1]), [10, 1]);    % 采用卷积方法求出分母多项式
                                               系数行向量
G = 10 * tf(num, den);
figure;                                      % 新建一个绘图窗口
bode(G);
grid on
figure;
nyquist(G);
grid on
figure;
nichols(G);
grid on
```

3.5　控制系统 MATLAB 仿真实验

3.5.1　二阶系统动态特性分析

1. 实验目的

(1)熟悉利用 MATLAB 函数指令方式进行控制系统仿真的基本方法。

(2)观察、分析不同特征参数(无阻尼振荡频率 ω_n)下二阶系统的单位阶跃响应。

(3)了解无阻尼自然频率对二阶系统动态特性的影响。

2. 实验设备

(1)个人计算机。

(2)MATLAB 软件。

3. 实验内容

设单位负反馈系统的前向通道传递函数为

$$G_k(s) = \frac{\omega_n^2}{s(s + 2\zeta\omega_n)}$$

(1)当 $\zeta=0.5$,ω_n 分别为 $2,4,6,8,10,12$ 时,试用 MATLAB 函数指令方式,在同一坐标系中绘制其闭环系统的单位阶跃响应曲线,并说明 ω_n 的变化对系统动态特性的影响。

(2)当 $\omega_n=6$,ζ 分别为 $0.0,0.1,0.5,1.0,1.5,3.0$ 时,试用 MATLAB 函数指令方式,在同一坐标系中绘制其闭环系统的单位阶跃响应曲线,控制响应时间为 $15\ \mathrm{s}$,并说明 ζ 的变化对系统动态特性的影响。

4. 实验要求

利用 MATLAB 函数指令方式完成。

5. 实验步骤

(1)打开 MATLAB 软件,建立 M 文件。

(2)使用零极点形式的函数命令,建立前向通道传递函数模型。

(3)建立闭环系统模型。

(4)绘制闭环系统的单位阶跃响应曲线。

(5)保存 M 文件程序并运行该程序。

(6)保存运行结果曲线。

6. 实验报告要求

(1)给出实验程序的源代码。

(2)绘制出同一个坐标系中不同 ω_n 特征参数下闭环系统的单位阶跃响应曲线和同一个坐标系中不同 ζ 特征参数下闭环系统的单位阶跃响应曲线。

(3)分析无阻尼自然频率 ω_n 和阻尼 ζ 对系统动态特性的影响。

3.5.2 控制系统的脉冲响应

1. 实验目的

(1)观察、分析两条控制系统的单位脉冲响应曲线的特点。

(2)研究特征方程的系数对系统稳定性的影响。

2. 实验设备

(1)个人计算机。

(2)MATLAB 软件。

3. 实验内容

控制系统的闭环传递函数为

$$G(s) = \frac{2s^2 - 6.4s + 6}{s^2 + ks + 3.8}$$

要求采用 MATLAB 函数指令方式,分别绘制 k 取 -4.2 和 4.2 时系统的单位脉冲响应曲线。

4. 实验要求

利用 MATLAB 函数指令方式完成。

5. 实验步骤

(1)打开 MATLAB 软件,建立 M 文件。

(2)使用分式形式的函数命令,分别建立不同 k 值时闭环传递函数模型。

(3)分别绘制其闭环系统的单位脉冲响应曲线。

(4)保存 M 文件程序并运行该程序。

(5)保存运行结果曲线。

6. 实验报告要求

(1)给出实验程序的源代码。

(2)分别绘制 k 取 -4.2 和 4.2 时控制系统的脉冲响应曲线图。

(3)通过脉冲响应曲线图分析两个系统的稳定性,并说明其理由,分析系统极点对系统性能的影响。

3.5.3　高阶系统的近似简化

1. 实验目的

(1)熟悉高阶系统近似成低阶系统的原理和方法。

(2)掌握主导极点对高阶系统与近似后系统性能差别的影响。

2. 实验设备

(1)个人计算机。

(2)MATLAB 软件。

3. 实验内容

设某高阶系统的闭环传递函数为

$$G(s) = \frac{181.4(s+5.5)}{(s^2+2s+5)(s^2+10s+26)(s+7.7)}$$

试分析其主导极点,并在同一坐标系中绘制由主导极点构成的系统与原系统的单位阶跃响应曲线。

4. 实验要求

利用 MATLAB 函数指令方式完成。

5. 实验步骤

(1)打开 MATLAB 软件,建立 M 文件。

(2)建立闭环传递函数模型,绘制原系统零极点图。

(3)将高阶系统简化为由主导极点描述的近似系统。

(4)在同一坐标系中绘制原系统和近似系统的单位阶跃响应曲线。

(5)保存 M 文件程序并运行该程序。

(6)保存运行结果曲线。

6. 实验相关说明

(1)在高阶系统中,满足下列条件的极点称为系统的主导极点:

①离虚轴最近且周围没有零点;

②其他极点与虚轴的距离比该极点与虚轴的距离大 5 倍以上(含 5 倍)。

(2)具有主导极点的高阶系统可以近似用其主导极点所描述的一阶或二阶系统来表示。高阶系统简化为低阶系统的具体步骤:

①首先确定系统是否存在主导极点;

②若存在主导极点,则可将原系统传递函数的分子、分母多项式进行因式分解,将其分

解为一阶或二阶多项式乘积形式；

③将所得传递函数中非主导极点和零点所对应的多项式化为时间常数形式（提取公因式使常数项为 1）；

④将步骤③转化后的时间常数项略去，保证传递函数在典型环节形式下的放大系数保持不变。

7. 实验报告要求

(1)给出实验程序的源代码。

(2)绘制原系统零极点图，分析其主导极点。

(3)在同一坐标系中绘制系统和近似系统的单位阶跃响应曲线。

(4)分析两条响应曲线异同之处。

3.5.4　控制系统的稳态误差分析

1. 实验目的

(1)熟悉利用 Simulink 方式进行控制系统仿真的基本方法。

(2)认识控制系统型别、误差系数、稳态误差与常用典型输入信号的关系。

(3)了解通过单位斜坡模块生成单位加速度信号的方法。

2. 实验设备

(1)个人计算机。

(2)MATLAB 软件。

3. 实验内容

已知控制系统的结构方框图如图 3-17 所示。

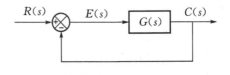

图 3-17　系统方框图

其中，$G(s) = \dfrac{s+5}{s^2(s+10)}$，请按图 3-18 构建 Simulink 仿真模型。通过仿真分别确定系统在单位阶跃、单位斜坡和单位加速度输入信号作用下的稳态误差。

4. 实验要求

在 Simulink 环境下完成。

5. 实验步骤

(1)打开 MATLAB 软件，进入 Simulink 后创建新文档。

(2)从 Simulink 模块库中复制"Step"、"Subtract"、"Zero-Pole"和"Scope"模块到新建文档中。

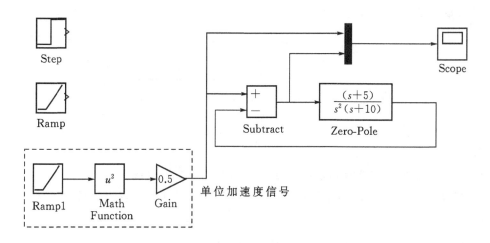

图 3-18　结构框图

(3)双击"Zero-Pole"模块,在出现的对话框内设置相应的参数。

(4)按图 3-18 将各模块连接起来。

(5)保存文档并点击"开始仿真按钮"进行仿真,双击"Scope"模块观察仿真结果。

(6)根据仿真结果调整仿真时间。

(7)如果"Scope"图的纵坐标不合适,可通过右键→"Autoscale"或"Axes properties"进行调整。

(8)保存仿真模型及曲线结果。

(9)使用同样的方法确定系统在单位斜坡和单位加速度输入信号作用下的稳态误差。

6. 实验报告要求

(1)绘制该系统的 Simulink 仿真模型。

(2)分别绘制该系统在单位阶跃、单位斜坡和单位加速度输入信号作用下的响应曲线。

(3)分析该系统在不同典型输入信号作用下的稳态误差。

3.5.5　控制系统稳定性和稳态误差分析

1. 实验目的

(1)学习利用 MATLAB 函数判别控制系统稳定性的基本方法。

(2)熟悉线性控制系统在复合输入信号作用下的分析方法。

(3)了解系统型别对其稳定性和稳态误差的影响。

2. 实验设备

(1)个人计算机。

(2)MATLAB 软件。

3. 实验内容

控制系统方框图如图 3-19 所示。试判断系统的稳定性,然后求出当输入信号 $r(t)=$

$10+2t+t^2$ 时系统的稳态误差。

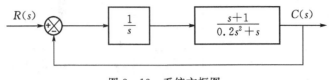

$$R(s) \rightarrow \otimes \rightarrow \boxed{\frac{1}{s}} \rightarrow \boxed{\frac{s+1}{0.2s^2+s}} \rightarrow C(s)$$

图 3-19　系统方框图

4．实验要求

(1)判断系统的稳定性时,利用 MATLAB 函数指令方式完成。

(2)求系统的稳态误差时,根据传递函数数学表达式分析计算得出,详见实验相关说明。

5．实验步骤

(1)打开 MATLAB 软件,建立 M 文件。

(2)建立闭环传递函数模型,绘制系统零极点图或求取系统的零极点。

(3)保存 M 文件程序并运行该程序。

(4)保存运行结果。

(5)根据系统的开环传递函数判断系统的型别。

(6)分别求取单位阶跃输入、单位斜坡输入和单位加速度输入时的稳态误差。

(7)根据线性系统叠加原理,对三种典型输入信号时的稳态误差求和。

6．实验相关说明

求系统的稳态误差时,若已判定所给的系统稳定,则可以通过判断系统型别,然后根据传递函数表达式计算出误差系数,进一步求得系统的稳态误差,详细计算过程可参考相关书籍。

7．实验报告要求

(1)给出实验程序的源代码。

(2)绘制系统零极点图或求取其零极点分析系统的稳定性。

(3)分析该系统在给定信号作用下的稳态误差。

3.5.6　串级控制系统阶跃响应

1．实验目的

(1)学习 Simulink 方式下 PID 控制器的构造方法;

(2)了解串级控制系统的结构特点。

2．实验设备

(1)个人计算机。

(2)MATLAB 软件。

3．实验内容

某典型串级控制系统的结构如图 3-20 所示。

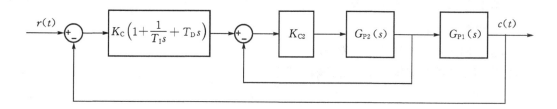

图 3 - 20　系统方框图

图 3-20 中，$r(t)$ 为单位阶跃信号，$K_C = 7.5175$，$T_D = 1.1714$，$T_I = 61.7903$，$K_{C2} = 5.941$，$G_{P1}(s) = \dfrac{1}{(30s+1)(3s+1)}$，$G_{P2}(s) = \dfrac{1}{(10s+1)(s+1)^2}$。试用 Simulink 建立该系统的仿真模型，并进行仿真实验。

4. 实验要求

利用 Simulink 方式完成。

5. 实验步骤

(1)打开 MATLAB 软件，进入 Simulink 后创建新文档。

(2)从 Simulink 模块库中复制"Step"、"Sum"、"Add"、"Gain"、"Derivative"、"Integrator"、"Zero-Pole"及"Scope"等模块到新建文档中。

(3)按照实验内容中的串级控制系统方框图将各模块连接起来，其中 PID 控制器的数学模型为 $K_C\left(1+\dfrac{1}{T_I s}+T_D s\right)$，可参考图 3 - 21 所示的仿真模型搭建。

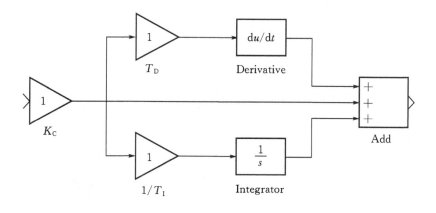

图 3 - 21　PID 控制器

(4)根据需要修改模型中模块的参数。

(5)保存文档并点击"开始仿真按钮"进行仿真，双击"Scope"模块观察仿真结果。

(6)根据仿真结果调整仿真时间。

(7)如果"Scope"图面的纵坐标不合适，可通过右键→"Autoscale"或"Axes properties"进行调整。

(8)保存仿真模型及曲线结果。

6. 实验报告要求

(1)绘制串级控制系统的仿真模型图。

(2)绘制串级控制系统的单位阶跃响应曲线。

第 4 章　PID 控制器及其参数的整定

控制系统的设计归根结底就是控制器的设计,而控制器的设计就是控制规律的确定和控制器参数的整定。工业生产过程中,PID 控制器由于结构简单、稳定性好、工作可靠、调整方便而得到广泛应用。

PID 控制器参数的整定是指如何根据控制对象或过程的特性确定 PID 控制器的比例增益 K_P、积分时间常数 T_I 和微分时间常数 T_D 三个参数的过程。PID 控制器参数的整定方法分为理论计算法和工程整定法两种。理论计算法是依据系统的数学模型,经过理论计算确定控制器参数;工程整定法是按照工程经验公式对控制器参数进行整定。

4.1　PID 控制器概述

按照闭环系统误差信号的比例、积分、微分进行控制简称 PID 控制,PID 控制是建立在经典控制理论基础上的一种控制策略。实现 PID 控制的器件叫做 PID 控制器,PID 控制器作为最早实用化的控制器已有 60 多年历史,现在仍在广泛使用。特别是在工业过程控制中,由于被控对象的精确模型难以建立,系统参数又经常发生变化,进行理论分析要耗费很大代价且难于达到满意的效果,而 PID 控制器简单易懂,使用时不需要精确的系统模型等先决条件,因而成为应用最广泛的控制器。

PID 控制器方框图如图 4-1 所示。由图可见,PID 控制器的输入与输出关系的数学描述为

$$U(s) = (K_P + \frac{K_I}{s} + K_D s)E(s) \tag{4-1}$$

式中:K_P 为比例增益;K_I 为积分增益;K_D 为微分增益。

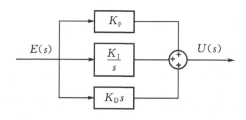

图 4-1　PID 控制器方框图

令 $T_I = K_P/K_I$,$T_D = K_D/K_P$,T_I 为 PID 控制器的积分时间常数,T_D 为 PID 控制器的微分时间常数,则式(4-1)可以写为

$$U(s) = K_P(1 + \frac{1}{T_I s} + T_D s)E(s) \tag{4-2}$$

由式(4-2)可知 PID 控制器的传递函数可描述为

$$G_C(s) = \frac{U(s)}{E(s)} = K_P(1 + \frac{1}{T_I s} + T_D s) \qquad (4-3)$$

由传递函数可以看出 PID 控制器共有 3 个参数需要整定,比例增益 K_P、积分时间常数 T_I、微分时间常数 T_D,PID 控制器具有 P、I、D 各控制作用的特点,因此,只要 PID 控制器各参数配合得当,就可以使控制系统满足所要求的性能指标。

PID 控制器的主要优点:

(1)原理简单,应用方便,参数整定方便、灵活;

(2)适用性强,在不同生产行业或领域都有广泛应用;

(3)鲁棒性强,控制品质对控制对象的变化不太敏感。如控制对象受外界扰动时,无需经常改变控制器的参数或结构。

4.2 PID 控制器特性分析

工业控制中,PID 控制器的常用形式主要有比例控制器、比例积分控制器、比例微分控制器和比例积分微分控制器等。本节主要介绍 PID 控制器的常用形式,进而说明比例、积分、微分三个基本控制作用对系统性能的影响。

4.2.1 P 控制器

只含有比例控制作用的控制器称为比例控制器,即 P 控制器,由其构成的控制系统方框图通常如图 4-2 所示。

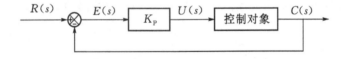

图 4-2 由比例控制器构成的控制系统方框图

P 控制器的传递函数为

$$G_C(s) = \frac{U(s)}{E(s)} = K_P \qquad (4-4)$$

比例控制作用只改变系统的增益而不影响相位,它对系统的影响主要反映在系统的稳态误差和稳定性上。增大比例增益可提高系统的开环增益,减小系统的稳态误差,从而提高系统的控制精度;但同时会降低系统的相对稳定性,甚至可能造成闭环系统的不稳定。因此,在系统校正和设计中,P 控制器一般不单独使用。下面通过例 4-1 来说明比例控制作用对系统性能的影响。

[例 4-1] 若控制系统方框图如图 4-2 所示,且控制对象的传递函数表达式为

$$G_0(s) = \frac{1}{(s+1)(2s+1)(5s+1)}$$

采用纯比例控制器,比例增益 K_P 分别取 0.1,0.3,0.7,1.5,4.0,8.0 观察不同比例系数时系统单位阶跃响应效果。

【解】 程序代码如下：

```
G1 = tf(1, conv(conv([1,1],[2,1]),[5,1]));
kp = [0.1,0.3,0.7,1.5,4.0,8.0];
for i = 1:5
    G = feedback(kp(i) * G1,1);
    step(G)
    hold on
end
gtext('kp = 0.1')
gtext('kp = 0.3')
gtext('kp = 0.7')
gtext('kp = 1.5')
gtext('kp = 4.0')
gtext('kp = 8.0')
```

程序运行结果如图 4-3 所示。

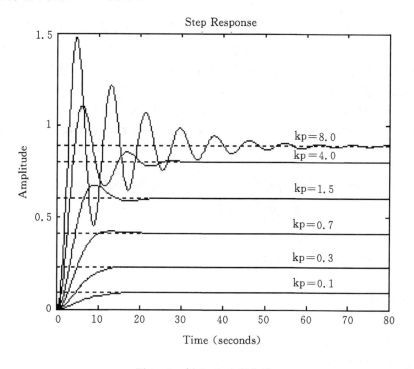

图 4-3　例 4-1 响应曲线

从图 4-3 响应曲线可以看出，随着比例增益 K_P 值的增大，稳态误差减小，系统响应速度加快，同时响应的振荡也会加剧。当 K_P 增大到一定值后，闭环系统将趋于不稳定。对于此系统实验表明，当 $K_P < 12.6$ 时，系统响应趋于稳定，但系统始终存在稳态误差；当 $K_P = 12.6$ 时，系统响应出现等幅振荡；当 $K_P > 12.6$ 后，系统响应出现发散。采用 P 控制可以改善系统的稳态性能和快速性。一般情况下,只有原系统稳定裕量充分大时才采用 P 控制。

4.2.2 PI 控制器

含有比例和积分控制作用的控制器称为比例积分控制器,即 PI 控制器,由其构成的控制系统如图 4-4 所示。

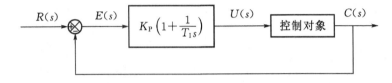

图 4-4 由比例积分控制器构成的控制系统方框图

PI 控制器的传递函数为

$$G_C(s) = \frac{U(s)}{E(s)} = K_P\left(1 + \frac{1}{T_I s}\right) \tag{4-5}$$

PI 控制器是一种滞后校正装置,可以用来消除或减小系统的稳态误差。PI 控制器在与控制对象串联时,相当于在系统中增加了一个位于原点的开环极点,同时也增加了一个位于 s 左半平面的开环零点。增加的极点可提高系统的型别,以消除或减小系统的稳态误差,改善系统的稳态性能;而增加的负实部零点则可减小系统的阻尼程度,缓和 PI 控制器极点对系统稳定性及动态过程产生的不利影响。在实际工程中,PI 控制器通常用来改善系统的稳态性能。下面通过例 4-2 来分析比例积分控制作用对系统性能的影响。

[例 4-2] 若控制系统方框图如图 4-4 所示,且控制对象的传递函数表达式为

$$G_0(s) = \frac{1}{(s+1)(2s+1)(5s+1)}$$

控制器为比例积分控制器,比例增益 $K_P = 2$,积分时间常数 T_I 分别取 3,6,14,21,28,观察不同积分控制作用下系统的单位阶跃响应。

【解】程序代码如下:

```
G1 = tf(1,conv(conv([1,1],[2,1]),[5,1]));
kp = 2;
ti = [3,6,14,21,28];
for i = 1:5
    G = tf([kp,kp/ti(i)],[1,0]);
    sys = feedback(G * G1,1);
    step(sys)
    hold on
end
gtext('ti = 3')
gtext('ti = 6')
gtext('ti = 14')
```

```
gtext('ti = 21')
gtext('ti = 28')
```

程序运行结果如图 4 - 5 所示。

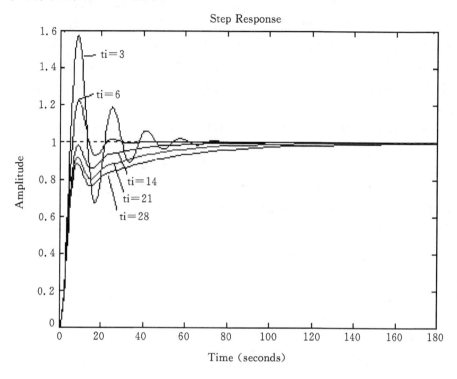

图 4 - 5　例 4 - 2 响应曲线

　　从图 4 - 5 响应曲线可以看出，随着积分时间的减小，积分控制作用增强，系统响应振荡趋向激烈，系统稳定性下降，但系统响应的稳态误差完全消除。在工程中一般不单独使用积分控制作用，常与比例控制一起使用。PI 控制利用 P 控制快速抵消干扰的影响，同时用 I 控制消除残余偏差。一般，PI 控制器主要用来改善系统的稳态性能。

4.2.3　PD 控制器

　　含有比例和微分控制作用的控制器称为比例微分控制器，即 PD 控制器，由其构成的控制系统如图 4 - 6 所示。

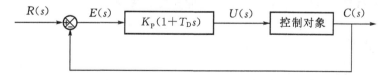

图 4 - 6　由比例微分控制器构成的控制系统方框图

PD 控制器的传递函数为

$$G_C(s) = \frac{U(s)}{E(s)} = K_P(1 + T_D s)$$

PD 控制器是超前校正装置的一种简化形式,可以用来增大系统的阻尼从而改善稳定性(衰减率提高),同时也可以缩短调整时间。控制器中的比例项反映误差的大小,而微分项反映误差的变化速度,是一种预见性控制,起到了早期修正的作用。因此,在使用中不单独使用微分控制,而需用其构成比例微分(PD)或比例积分微分(PID)控制器。此外,微分作用过大,容易引入高频干扰,使系统对扰动的抑制能力减弱。下面分析比例微分控制作用对系统性能的影响。

[例 4 - 3]   若控制系统方框图如图 4 - 6 所示,且控制对象的传递函数表达式为

$$G_0(s) = \frac{1}{(s+1)(2s+1)(5s+1)}$$

控制器为比例微分控制器,比例增益 $K_P = 2$,微分时间常数 T_D 分别取 0,0.3,0.7,1.5,3,观察不同微分控制作用下系统的单位阶跃响应。

【解】程序代码如下:

```
G1 = tf(1,conv(conv([1,1],[2,1]),[5,1]));
kp = 2;
td = [0,0.3,0.7,1.5,3];
for i = 1:5
    G = tf([kp * td(i),kp],1);
    sys = feedback(G * G1,1);
    step(sys)
    hold on
end
gtext('td = 0')
gtext('td = 0.3')
gtext('td = 0.7')
gtext('td = 1.5')
gtext('td = 3')
```

程序运行结果如图 4 - 7 所示。

从图 4 - 7 响应曲线可以看出,仅有比例控制时系统阶跃响应有相当大的超调量和较强的振荡,随着微分作用的加强,系统的超调量减小,稳定性提高,上升时间缩短,快速性提高。D 控制具有预测特性,可以提高系统的稳态性能和动态性能。

4.2.4 PID 控制器

具有比例、积分和微分控制作用的控制器称为比例积分微分控制器,即 PID 控制器。采用 PID 控制器的控制系统方框图如图 4 - 8 所示。

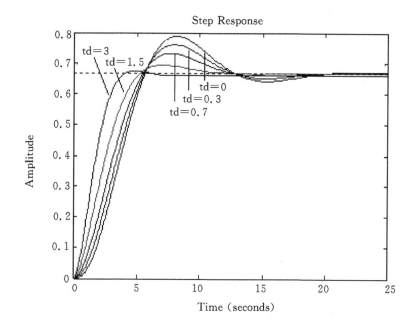

图 4 - 7   例 4 - 3 响应曲线

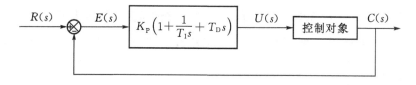

图 4 - 8   由比例积分微分控制器构成的控制系统方框图

PID 控制器的传递函数为

$$G_C(s) = \frac{U(s)}{E(s)} = K_P(1 + \frac{1}{T_I s} + T_D s)$$

PID 控制器在与控制对象串联时,可以使系统的型别提高一级,而且还提供了两个负实部的零点,相位从滞后到超前,对低频或高频信号都具有放大的特点。与 PI 控制器相比,PID 控制器除了同样具有提高系统稳态性能的优点外,还多提供了一个负实部零点,因此在提高系统动态性能方面具有更大的优越性。

PID 控制器通过积分作用消除稳态误差,通过微分作用缩小超调量、加快响应速度。PID 控制器是综合了 PI 控制器和 PD 控制器的长处并去除其短处的一种控制器。从频域分析角度看,PID 控制器通过积分作用于系统的低频段,以提高系统的稳态性能;通过微分作用于系统的中频段,以改善系统的动态性能。若控制系统方框图如图 4 - 8 所示,控制对象为二阶模型

$$G_0(s) = \frac{1}{s^2 + 8s + 25}$$

分别使用比例控制、比例积分控制、比例微分控制和比例积分微分控制对控制对象进行控

制,并观察它们的不同控制效果。程序代码如下:

```
t = 0:0.01:2;
num = 1;
den = [1 8 25];
G = tf(num, den);
step (feedback (G,1),t);
hold on;
Kp = 300;
step(feedback(Kp * G,1),t);
Ti = 0.3;
Gc2 = Kp + tf(Kp,[Ti 0]);
step (feedback (Gc2 * G, 1),t);
Td = 0.03;
s = tf('s');
Gc2 = Kp * (1 + Td * s);
step(feedback(Gc2 * G, 1),t);
Gc3 = Kp * (1 + 1/Ti/s + Td * s);
step(feedback(Gc3 * G,1),t);
legend('Kp = 1','Kp = 300','比例积分控制','比例微分控制','比例积分微分控制');
```

(1)观察图 4-9 中当比例控制 $K_P = 1$ 时系统的阶跃响应曲线,可见系统存在较大的稳态误差。

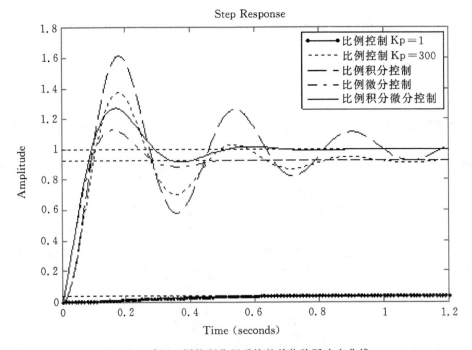

图 4-9 采用不同控制作用系统的单位阶跃响应曲线

（2）提高 K_P 加强比例控制作用后，由图 4-9 可见系统的稳态误差减小了，响应速度加快，但产生了较大的超调量。

（3）在比例控制的基础上加上积分控制，比例增益保持不变即 $K_P=300$，若取 $T_I=0.3$，比例积分控制器的传递函数为式（4-6）。观察当系统加入比例积分控制作用时的阶跃响应曲线，可见，系统稳态误差得以消除，但响应速度变小。

$$G_C(s) = K_P(1 + \frac{1}{T_I s}) \tag{4-6}$$

（4）在比例控制的基础上加上微分控制，比例增益保持不变即 $K_P=300$，若取 $T_D=0.03$，比例微分控制器的传递函数为式（4-7）。观察当系统加入比例微分控制作用时的阶跃响应曲线，可见，系统超调量和调整时间减小，但稳态误差仍然存在。

$$G_C(s) = K_P(1 + T_D s) \tag{4-7}$$

（5）综合加入比例、积分、微分控制作用，为了方便比较，比例增益、积分时间常数和微分时间常数与之前所取值相同，即 $K_P=300, T_I=0.3, T_D=0.03$。比例积分微分控制器的传递函数为式（4-8）。观察该系统的阶跃响应曲线，可见，系统稳态误差得以消除，同时响应速度也得以提高。其控制效果较前几种要好。

$$G_C(s) = K_P(1 + \frac{1}{T_I s} + T_D s) \tag{4-8}$$

PID 控制器通过积分作用消除稳态误差，通过微分作用降低超调量、加快系统响应速度，综合了 PI 控制和 PD 控制各自的长处。实际工程中，PID 控制器被广泛使用。

归纳 P、I、D 这三种基本控制作用，可以得出如下结论：P 作用可以使控制过程趋于稳定，但无法消除稳态误差；I 作用可消除稳态误差，实现无差控制，但会延长调整时间，增大超调量，甚至影响系统的稳定性；D 作用能有效地减小动态偏差，提高系统的快速性，但不能单独使用。各控制作用变化对系统性能指标的影响关系见表 4-1。当然，各参数对性能指标的影响关系不是绝对的，只表示一定范围内的相对关系。因为各参数之间还有相互影响，一个参数变了，另外两个参数的控制效果也会相对改变。对 PID 控制器参数整定过程中，可根据各控制作用作相应参数的调整，从而使系统达到所需要的控制效果。

表 4-1　PID 控制作用对系统时域性能指标的影响关系

作用变化方向	上升时间	调整时间	超调量	衰减率	稳态误差	振荡频率
比例作用加强	减小	微小变化	增大	减小	减小	增大
积分作用加强（T_I 减小）	减小	增大	增大	减小	可以消除	增大
微分作用加强（T_D 增大）	微小变化	减小	减小	增大	微小变化	减小

4.3　常用 PID 控制器参数的工程整定方法

PID 控制器参数整定就是根据被控过程的特性和系统要求，确定 PID 控制器中的比例

增益 K_P、积分时间常数 T_I 和微分时间常数 T_D,使系统的动态过程能够达到满意的控制品质。

参数整定的理论基础是通过选择控制器的参数,改变闭环控制系统极点在复平面上的位置,使系统稳定,并具有一定的稳定裕量(衰减率)、快速性(调整时间)和准确性(超调量和稳态误差)。

简单控制对象和控制作用可采用理论计算法整定控制器参数,理论计算法具有较高的精确性。但对于复杂控制系统,采用理论计算进行整定十分麻烦,甚至是不可能实现的。本节主要介绍几种常用的工程整定方法。

常用 PID 控制器参数的工程整定方法主要有响应曲线法、临界增益法和衰减曲线法。这三种方法各有特点,其共同点是在实验的基础上按照经验公式对控制器参数进行整定。无论采用哪一种方法进行参数整定,都需要在实际运行中进行最后的调整与完善。

4.3.1 响应曲线法

传统 PID 控制的经验公式是 Ziegler 与 Nichols 在 20 世纪 40 年代初提出的,根据他们所提出的经验公式进行 PID 控制器参数整定的方法称为响应曲线法(或称 Ziegler-Nichols 法)。这些经验公式是基于控制对象为带有延迟的惯性环节模型提出的。该对象模型可以表示为

$$G(s) = \frac{K}{Ts+1}e^{-\tau s}$$

式中:K 为比例增益;T 为时间常数;τ 为延迟时间。

在实际过程控制系统中,大多数控制对象可以由该数学模型近似描述。近似转换方法有多种,其中比较好的方法是,在获取控制对象阶跃响应数据后,用最小二乘拟合方法拟合出系统的模型参数 K、T、τ。

响应曲线法适用于已知控制对象传递函数的情况,根据传递函数的具体情况,可在以下两种方法中选择一种。

1. 由阶跃响应整定

该方法适用于控制对象传递函数为

$$G(s) = \frac{K}{Ts+1}e^{-\tau s}$$

的情况,且上式中 K、T、τ 为已知,并满足条件 $0.1 \leqslant \dfrac{\tau}{T} \leqslant 1$ 的情况。

2. 由频率特性整定

该方法适用于控制对象传递函数为一关于 s 的有理真分式的情况,可利用 MATLAB 提供的函数[Gm,Pm,Wg,Wp] = margin(G)直接求出增益裕量 G_m 和相位交界频率 W_g,然后根据 $T_c = 2\pi/W_g$ 求出 T_c。

根据上述两种方法,利用表 4-2 所提供的经验公式计算 PID 控制器的各参数即可。

表 4-2　响应曲线法整定控制器参数

控制器类型	由阶跃响应整定			由频率特性整定		
	K_P	T_I	T_D	K_P	T_I	T_D
P 控制器	$\dfrac{T}{K\tau}$	∞	0	$0.5G_m$	∞	0
PI 控制器	$\dfrac{0.9T}{K\tau}$	3.3τ	0	$0.4G_m$	$0.8T_c$	0
PID 控制器	$\dfrac{1.2T}{K\tau}$	2τ	0.5τ	$0.6G_m$	$0.5T_c$	$0.12T_c$

4.3.2　临界增益法

临界增益法(或临界比例带法)适用于已知控制对象传递函数的场合,在闭合的控制系统里,将控制器置于纯比例($T_I=\infty$,$T_D=0$)作用下,使系统投入运行,再将比例增益 K_P 从小逐渐调大,直到出现等幅振荡的阶跃响应。此时的比例增益称为临界比例增益 K_{Pcr},相邻两个波峰间的时间间隔称为临界振荡周期 T_{cr}。采用临界增益法时,需要注意系统产生临界振荡的条件为系统的阶数是 3 或 3 以上。

利用临界增益法进行参数整定的步骤如下:

(1)使控制器的积分时间 $T_I=\infty$,微分时间 $T_D=0$,比例增益 K_P 适当小;

(2)将比例增益 K_P 逐渐增大,直到获得等幅振荡的阶跃响应;

(3)根据 K_{Pcr}、T_{cr} 和表 4-3 提供的经验公式计算 PID 控制器的各参数,即 K_P、T_I 和 T_D;

(4)按照计算结果依次调整控制器参数,并进行仿真实验,观察响应曲线,若效果不够理想,可根据各基本控制作用(见表 4-1)进一步试调,直到获得满意的控制效果。

表 4-3　临界增益法整定控制器参数

控制器类型	比例增益 K_P	积分时间 T_I	微分时间 T_D
P	$0.5K_{Pcr}$	∞	0
PI	$0.45K_{Pcr}$	$0.85T_{cr}$	0
PID	$0.67K_{Pcr}$	$0.5T_{cr}$	$0.125T_{cr}$

4.3.3　衰减曲线法

衰减曲线法根据衰减频率特性整定控制器的参数,在闭合的控制系统里,将控制器置于纯比例($T_I=\infty$,$T_D=0$)作用下,使系统投入运行,再将比例增益 K_P 从小逐渐调大,直到出现 4:1 衰减振荡的阶跃响应,此时系统响应的衰减率为 75%,对于大多数定值系统已能够满足稳定性要求,如图 4-10 所示。

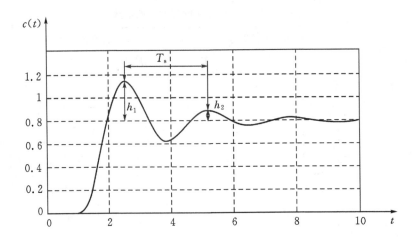

图 4-10 4:1衰减振荡曲线

若 $h_1:h_2=4:1$，则将此时的比例增益 K_P 记为 K_{Ps}，两个相邻波峰间的时间间隔为 T_s，通过表 4-4 所提供的经验公式，即可计算出 PID 控制器的各参数。

利用衰减曲线法进行参数整定的步骤如下：

(1)使控制器的积分时间 $T_I=\infty$，微分时间 $T_D=0$，比例增益 K_P 适当小；

(2)将比例增益 K_P 逐渐增大，直到获得 4:1 衰减振荡的阶跃响应；

(3)根据 K_{Ps}、T_s 和表 4-4 提供的经验公式计算 PID 控制器的各参数，即 K_P、T_I 和 T_D；

(4)按照计算结果依次调整控制器参数，并进行仿真实验，观察响应曲线，若效果不够理想，可根据各基本控制作用(见表 4-1)进一步试调，直到获得满意的控制效果。

表 4-4 衰减曲线法整定控制器参数

控制器类型	比例增益 K_P	积分时间 T_I	微分时间 T_D
P	K_{Ps}	∞	0
PI	$0.833K_{Ps}$	$0.5T_s$	0
PID	$1.25K_{Ps}$	$0.3T_s$	$0.1T_s$

工程整定方法依据的是经验公式，不是在任何情况下都适用的，因此，按照经验公式整定的 PID 参数并不一定是最好的，有时候需要根据各控制作用对系统响应的影响，反复凑试，才能获得满意的结果，最终确定 PID 控制器的参数。

4.4 MATLAB 环境下 PID 控制器参数整定实验

4.4.1 响应曲线法整定 PID 控制器参数

1. 实验目的

(1)理解 PID 控制器的工作原理。

(2)掌握响应曲线法整定 PID 控制器参数的基本方法。

2. 实验设备

(1)个人计算机。

(2)MATLAB 软件。

3. 实验内容

(1)已知控制系统方框图如图 4-11 所示,控制对象的传递函数为

$$G_0(s) = \frac{2}{30s+1} e^{-10s}$$

PID 控制器的传递函数为 $G_c(s)$。试用响应曲线法确定 $G_c(s)$ 的参数,并在此基础上求取控制系统的阶跃响应。

(2)已知控制系统方框图如图 4-11 所示,控制对象的传递函数为

$$G_0(s) = \frac{1}{(0.1s+1)^4}$$

PID 控制器的传递函数为 $G_c(s)$。试用响应曲线法确定 $G_c(s)$ 的参数,并在此基础上求取控制系统的阶跃响应。

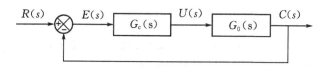

图 4-11   控制系统方框图

4. 实验要求

(1)利用 MATLAB 函数指令方式完成。

(2)控制器的类型依次为 P、PI、PID。

(3)将三条响应曲线绘制在同一坐标系中。

5. 实验步骤

(1)进入 MATLAB 集成开发环境,选择菜单项 File→New→M-File,创建 M 文件。

(2)通过编程建立控制对象 $G_0(s)$ 的模型(注:实验内容(1)中时延环节传递函数模型的求取方法参考本实验补充说明)。

(3)利用表 4-2 计算 $G_c(s)$ 为 P 控制器时的参数 K_P,并根据所获得的整定参数通过编程建立 $G_c(s)$ 的模型;然后利用 $G_c(s)$、$G_0(s)$ 的模型及 MATLAB 的模型建立函数指令,建立控制系统模型;最后求其阶跃响应曲线。

(4)利用表 4-2 计算 $G_c(s)$ 为 PI 控制器时的参数 K_P、T_I,并根据所获得的整定参数通过编程建立 $G_c(s)$ 的模型;然后利用 $G_c(s)$、$G_0(s)$ 的模型及 MATLAB 的模型建立函数指令,建立控制系统模型;最后求其阶跃响应曲线。

(5)利用表 4-2 计算 $G_c(s)$ 为 PID 控制器时的参数 K_P、T_I 和 T_D,并根据所获得的整定参数通过编程建立 $G_c(s)$ 的模型;然后利用 $G_c(s)$、$G_0(s)$ 的模型及 MATLAB 的模型建立函数指令,建立控制系统模型;最后求其阶跃响应曲线。

6. 实验补充说明

(1)实验内容(1)要求采用 Ziegler-Nichols 法中的"由阶跃响应整定",实验内容(2)要求采用 Ziegler-Nichols 法中的"由频率特性整定"。

(2)实验内容(1)可利用 pade()函数将一个时延环节近似为关于 s 的 n 阶有理多项式传递函数模型(n 取 2)。

(3)实验内容(2)可利用 margin()函数获得 G_m、W_g,进而计算出 T_c,从而通过表 4-2 获得控制器参数 K_P、T_I 和 T_D。

(4)生成 $G_c(s)$时,为避免纯微分运算,PID 控制器传递函数可采用以下近似模型

$$G_c(s) = K_P(1 + \frac{1}{T_I s} + \frac{T_D s}{\frac{T_D}{N}s + 1})$$

式中:$N \to \infty$时,则为纯微分运算。实际中,N 不必过大,一般 $N = 10$ 就可以逼近实际的微分效果。

(5)本实验中实验内容(1)和(2)的实验步骤相同,但应建立两个 M 文件分别进行实验。

(6)实验中可能用到的函数指令参阅附录 A。

7. 实验报告要求

(1)给出实验程序的源代码。

(2)记录控制器类型依次为 P、PI 和 PID 时控制系统的单位阶跃响应曲线。

(3)给出经计算所获得的各控制器的整定参数。

(4)综合比较系统采用 P、PI、PID 控制器时的响应曲线,就控制效果而言可以得出什么结论? 该结论是否具有普遍意义,为什么?

4.4.2 临界增益法整定 PID 控制器参数

1. 实验目的

(1)理解 PID 控制器的工作原理。

(2)掌握临界增益法整定 PID 控制器参数的基本方法。

2. 实验设备

(1)个人计算机。

(2)MATLAB 软件。

3. 实验内容

已知控制系统方框图如图 4-12 所示,控制对象传递函数为

$$G_0(s) = \frac{1}{s(s+1)(s+5)}$$

PID 控制器的传递函数为 $G_c(s)$。试用临界增益法进行控制器参数的整定,并在此基础上求取控制系统的阶跃响应。

4. 实验要求

(1)利用 Simulink 方式完成。

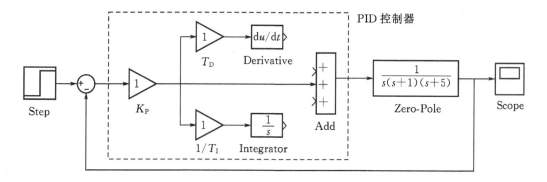

图 4-12 Simulink 仿真模型

(2)控制器的类型依次为 P、PI、PID。

5. 实验步骤

(1)进入 MATLAB 集成开发环境,选择菜单项 File→New→Model,创建一个模型窗口。

(2)点击模型窗口右上方的快捷按钮 Library Browser,打开库浏览器窗口。

(3)参照图 4-12 建立 Simulink 仿真模型,并适当地设置比例增益初值。

(4)进行仿真实验并观察响应曲线的特征,若未出现等幅振荡,则在上述模型中适当地增大增益 K_P 的值,并重复本步骤;若出现等幅振荡,则保存该响应曲线及仿真模型文件,并记录此时的临界增益 K_{Pcr} 和临界振荡周期 T_{cr}。

(5)根据 K_{Pcr}、T_{cr} 和表 4-3 分别确定控制器为 P、PI、PID 时的比例增益 K_P、积分时间常数 T_I 和微分时间常数 T_D;然后根据所获得的 K_P、T_I 和 T_D 及控制器的类型依次设定其工作参数,并进行仿真实验。

(6)对所获得的响应曲线进行正确性分析,在确认其正确无误后,保存此响应曲线和与之对应的仿真模型文件。

6. 实验报告要求

(1)记录发生等幅振荡时的响应曲线和模型文件,以及控制器类型依次为 P、PI、PID 时的系统阶跃响应曲线和仿真模型文件。

(2)记录 K_{Pcr}、T_{cr},并给出经整定所获得的各控制器(P、PI 和 PID)工作参数(K_P、T_I 和 T_D)。

(3)综合比较系统采用 P、PI、PID 控制器时的响应曲线,就控制效果而言可以得出什么结论? 该结论是否具有普遍意义,为什么?

4.4.3 衰减曲线法整定 PID 控制器参数

1. 实验目的

(1)理解 PID 控制器的工作原理。

(2)掌握衰减曲线法整定 PID 控制器参数的基本方法。

2．实验设备

(1)个人计算机。

(2)MATLAB 软件。

3．实验内容

已知控制系统如图 4-13 所示,控制对象传递函数为

$$G(s) = \frac{6}{(s+1)(s+2)(s+3)}$$

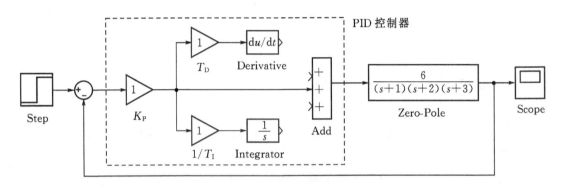

图 4-13　Simulink 仿真模型

PID 控制器的传递函数为 $G_c(s)$。试用衰减曲线法进行控制器参数的整定,并在此基础上求取控制系统的阶跃响应。

4．实验要求

(1)利用 Simulink 方式完成。

(2)控制器的类型依次为 P、PI、PID。

5．实验步骤

(1)进入 MATLAB 集成开发环境,选择菜单项 File→New→Model,创建一个模型窗口。

(2)点击模型窗口右上方的快捷按钮 Library Browser,打开库浏览器窗口。

(3)参照图 4-13 建立 Simulink 仿真模型,并适当地设置增益初值。

(4)进行仿真实验并观察响应曲线的特征,若未出现 4∶1 衰减振荡,则在上述模型中适当地增大比例增益 K_P 的值,并重复本步骤;若出现 4∶1 衰减振荡,则保存该响应曲线及仿真模型文件,并记录此时的 K_{Ps} 和 T_s。

(5)根据 K_{Ps}、T_s 和表 4-4 分别确定控制器为 P、PI、PID 时的比例增益 K_P、T_I 和 T_D,然后根据所获得的 K_P、T_I 和 T_D 及控制器的类型依次设定其工作参数,并进行仿真实验。

(6)对所获得的响应曲线进行正确性分析,在确认其正确无误后,保存此响应曲线和与之对应的仿真模型文件。

6．实验报告要求

(1)记录发生 4∶1 衰减振荡时的响应曲线和模型文件,以及控制器类型依次为 P、PI、

PID 时的系统阶跃响应曲线和仿真模型文件。

(2)记录 K_{Ps}、T_s，并给出经整定所获得的各控制器（P、PI 和 PID）工作参数（K_P、T_I 和 T_D）。

(3)综合比较系统采用 P、PI、PID 控制器时的响应曲线，就控制效果而言可以得出什么结论？该结论是否具有普遍意义，为什么？

第5章 过程控制实验装置

5.1 过程控制实验装置介绍

过程控制实验装置是根据能源动力类专业自动控制原理课程的教学特点和培养目标,在结合当前新型过程控制系统发展动态的基础上,自主设计开发的教学实验装置。它是集智能仪表、计算机、计算机通信、自动控制、测试等多种技术为一体的实验装置。该实验装置本着人才培养综合化的思想设计开发,可以满足自动控制原理、控制仪表、热能与动力测试技术等方面的实验教学,使学生熟悉并掌握当前主流的工业控制产品,并具备一定的设计、调试和开发能力。

过程控制实验装置实物如图5-1所示,该装置由对象柜和操控台两大部分组成,对象柜和操控台间通过信号电缆连接。对象柜内包括水箱、储水箱、管路、电磁流量计、电动调节阀、水泵、各类传感器等设备,操控台布置有计算机、S7-200PLC可编程控制器、智能控制仪表、数字显示仪表、按钮开关等设备、元件。

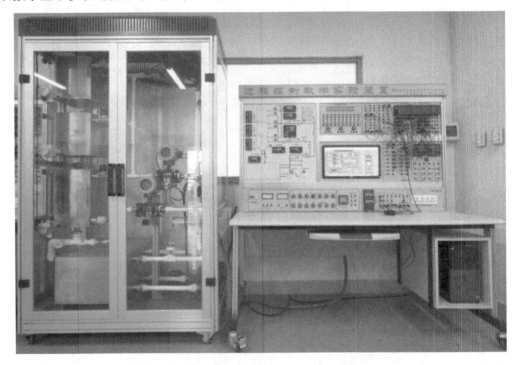

图5-1 过程控制实验装置实物图

操控台计算机采用 Windows 操作系统,配置有工业控制领域流行的监控系统开发软件 MCGS(Monitor and Control Generated System)和可编程控制器(PLC)编程软件

STEP7 - Micro/WIN,可用于实验系统的维护、开发、运行及开设综合性实验。

过程控制实验装置将连续性工业生产过程中常见的容器、管路、泵、阀门以及计算机、可编程控制器 PLC、工控组态软件、智能控制仪表、数字测量仪表、传感器等集中在一个实验装置中,构成了一个含有独立双回路三容器水循环自动控制综合性实验平台。过程控制实验装置的物理结构图如图 5-2 所示,Fi 为第 i 个截止阀,PTi 为第 i 个压力变送器,FTi 为第 i 个流量计,Si 为第 i 个电磁阀,LTi 为第 i 个液位变送器,TTi 为第 i 个温度变送器。装置中由主水泵作为动力源的回路称为主管路,由副水泵作为动力源的回路称为副管路。两条管路中的流量由电磁流量计测量,通过相应的电磁阀开启和闭合可以接通到不同的水箱,从而可以灵活的组成单容器回路、双容器回路及三容器回路。主管路的流量通过电动调节阀来调节,副管路的流量通过变频器作用于副水泵,改变副水泵的转速来调节。下水箱中装有电加热器,副管路中相应的加入了一个散热器设备。通过上述各设备的配合,过程控制实验装置可以实现典型过程变量(液位、流量、压力、温度)的自动测量、显示和控制。该实验装置可以根据需要配接两种控制器:智能控制仪表和可编程控制器 PLC,实现从简单的单回路控制到复杂的多回路控制,以适应各类不同层次教学的需要。实验装置中包含了控制系统的控制对象、执行机构、控制器、测量变送器等自动控制系统所有组成部分。

5.1.1 控制对象

1. 三容分离式串联水箱对象

过程控制实验装置物理结构图如图 5-2 所示。实验装置中布置有上、中、下三个串联水箱及一个储水箱,每个水箱底部设有液位变送器(LT1、LT2、LT3)用来测量水箱的液位;上一级水箱的水可以通过其底部的阀门流入下一级水箱。用其可以构造性质不同的控制对象(单容、双容和三容),实验系统可进行不同对象的液位控制实验,如:

(1)单回路液位控制实验;

(2)液位串级控制实验;

(3)不同扰动方式下的液位控制实验。

2. 主、副管路流量对象

如图 5-2 所示,主、副管路流量系统包括两条独立水循环对象,一路(主管路)由主水泵、电动调节阀、电磁流量计、电磁阀及手动阀门组成;另一路(副管路)由副水泵(变频调速泵)、电磁流量计、电磁阀及手动阀门组成,变频调速泵的电源频率由变频器控制。实验系统可以完成多种方式下的流量控制实验,如:

(1)单回路流量控制实验;

(2)流量串级控制实验;

(3)流量比值控制实验。

3. 主、副管路压力对象

如图 5-2 所示,由主管路和副管路共同构成主副管路压力对象,两管路之间的压力差由压力变送器(PT1)进行测量。实验系统可完成单回路压力控制实验。

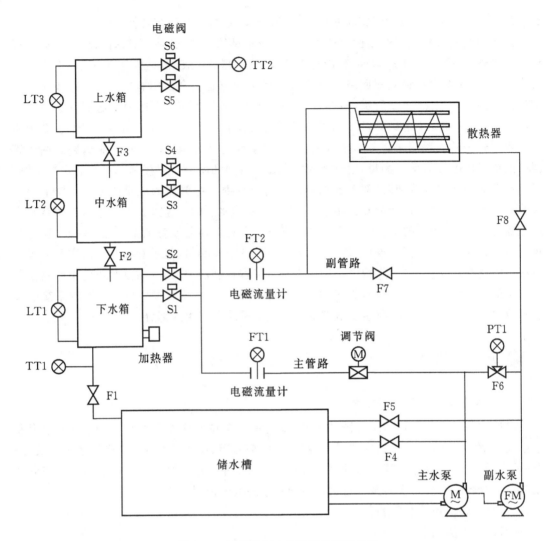

图 5-2　过程控制实验装置物理结构图

4. 水箱温度对象

　　如图 5-2 所示，系统提供一个加热水箱（下水箱），电加热器安装在加热水箱的底部，由可控硅调功器为电加热器提供功率可调的电源，下水箱出口处设有 Pt100 热电阻，可检测出水口水温。实验系统可完成多种温度实验，如：

　　（1）单回路温度控制实验；

　　（2）温度前馈-反馈控制实验。

5.1.2　执行机构

1. 电动调节阀

　　电动调节阀型号：MXG461.20-5.0，它由电动执行机构和调节阀两部分组成。调节阀主要由阀杆、阀体、阀芯和阀座等部件组成。当阀芯在阀体内上下移动时,可改变阀芯阀座间的流通面积,从而改变通过电动调节阀的流量。

通常电动调节阀根据所接收的电流或电压信号(电流信号包括0～10 mA 和 4～20 mA;电压信号包括 0～1 V 和 1～5 V)工作。本实验装置中电动调节阀的受控信号为电流4～20 mA,通过改变加在电动调节阀上电流信号大小来控制其阀门开度,调节管道中水的流量,从而实现对管路流量的控制。

2. 变频器

通常,把电压和频率固定不变的交流电变换为电压或频率可变的交流电的装置称作“变频器”。变频器首先把三相或单相交流电(AC)变换为直流电(DC),然后再把直流电(DC)变换为所要求的三相或单相交流电(AC)。本实验装置中的变频器型号为 MICROMASTER 440,由微处理器控制。

在本实验装置中,变频器通过改变副水泵电源的频率,即通过调频改变加在副水泵上的电源特性,从而实现对副水泵的调速。

3. 可控硅调功器

可控硅调功器是一种以可控硅(电力电子功率器件)为基础,以智能数字控制电路为核心的电源功率控制电器,简称可控硅调功器,又称晶闸管调功器。可控硅调功器具有效率高、无机械噪声和磨损、响应速度快、体积小、重量轻等诸多优点。

可控硅调功器是对电加热器进行加热功率调节的设备。下水箱温度经温度传感器转换成测量信号进入可编程控制器或智能控制仪表,通过运算后产生相应的控制信号,并送到可控硅调功器,可控硅调功器根据控制信号大小改变晶闸管导通角,从而改变加热器的电源功率,实现下水箱温度的控制。

5.1.3 控制器

本实验装置中安装了 S7-200PLC 可编程控制器和智能控制仪表两种控制器。

1. S7-200PLC 可编程控制器

可编程控制器(PLC)是在电器控制技术和计算机技术的基础上开发出来的,并逐渐发展成为以微处理器为核心,把自动化技术、计算机技术、通信技术融为一体的新型工业控制装置。目前,PLC 已被广泛应用于各种生产过程的自动控制中,成为一种最重要、最普及、应用场合最多的工业控制装置,被公认为现代工业自动化的三大支柱(PLC、机器人、CAD/CAM)之一。

S7-200PLC 由基本单元和扩展单元组成,基本单元安装有 CPU、存储器、电源、基本输入输出接口 I/O、通信接口等,扩展单元本身没有 CPU,只能与基本单元连接使用,用于扩展I/O 点数。

S7-200PLC 的基本型号通过 CPU 进行区分,有 CPU221、CPU222、CPU224 和CPU226 性能档次不同的几种规格,本实验装置中使用的是 CPU224。CPU224 的基本配置包括:14 路开关量输入和 10 路开关量输出;内存空间 16 KB;指令系统含有 180 余条指令,其中包括 8 条可独立执行 PID 指令;RS-485 通信端口,可实现点对点通信(PPI)、多点通信(MPI 协议)和自由口通信三种通信方式。本实验装置中还装有三个 PLC 的扩展模块 EM235,每个扩展模块有 4 路模拟量输入和 1 路模拟量输出。

S7-200PLC 的编程与调试可通过编程软件 Step7MicroWIN 实现,该软件是西门子公司专为 S7-200 系列可编程控制器研制开发的,基于 Windows 的编程软件,其功能强大,既可用于开发用户程序,又可实时监控用户程序的执行状态。

2. 智能控制仪表

本实验装置中安装的智能控制仪表型号为 SWP-ND905,智能控制仪表主要应用于连续系统中,一般由输入电路、给定电路、PID 运算电路、手动与自动切换电路、输出电路等组成。控制器接收来自测量变送器的测量信号(4~20 mA),在输入电路中与给定值进行比较,得出偏差信号,最后由输出电路转换为控制信号(4~20 mA),使执行机构进行相应的动作。

5.1.4 测量变送器

1. 差压变送器

本实验装置中差压变送器主要用于对液位和压力进行检测。液位变送器分别安装在下、中、上三个水箱处,压力变送器安装在主副管路之间的阀门处。液位测量范围:0~3 kPa,输出信号:4~20 mA DC;压力测量范围:0~400 kPa,输出信号:4~20 mA DC。差压变送器型号:SWP-T20,该系列压力变送器采用压阻式传感器或扩散硅传感器,抗过载和抗冲击能力强,稳定性高,具有较高的测量精度。

2. 电磁流量计

电磁流量计型号:SWP-DM20A11411,量程:0~3 m³/h,输出信号:4~20 mA DC。如图 5-2 所示,两个电磁流量计(FT1、FT2)分别安装在主、副管路中。

电磁流量计是根据法拉第电磁感应定律,在与测量管轴线和磁力线垂直的管壁上安装一对检测电极,当导电液体沿测量管轴线运动时,导电液体切割磁力线产生感应电势,此感应电势由两个检测电极检出,由产生的感应电势得出管道内液体的流速和流量。流量 Q 与感应电势 e 成线性关系,只要测量出 e 即可确定流量 Q,这是电磁流量计的基本工作原理。

3. Pt100 热电阻温度传感器

目前应用最广泛的热电阻材料是铂和铜,其中铂电阻精度高,适用于中性和氧化性介质,性能稳定可靠。最常用的有 $R_0 = 10\ \Omega$、$R_0 = 100\ \Omega$ 和 $R_0 = 1000\ \Omega$ 等几种,它们的分度号分别为 Pt10、Pt100、Pt1000。

本实验装置安装的热电阻传感器型号:WZPK-254,分度号:Pt100,测温范围:-200~500 ℃。当前,大多数的控制器都可以直接接入热电阻信号,本装置为了方便信号的统一处理,接入了一个温度变送器,变送器输出信号:4~20 mA DC。实验装置使用了两个 Pt100 热电阻传感器(TT1、TT2),分别安装在下水箱出水口和上水箱副管路入水口,检测两处的水温。

5.1.5 操控台

操控台由模拟显示盘和操作面板组成,如图 5-3 所示。

图 5-3 操控台

1—S7-200 可编程序控制器区;2—智能控制仪区;3—控制信号接线端子区;
4—测量信号接线端子区;5—备用继电器区;6—PC 机区;7—模拟显示盘

1. 模拟显示盘

工艺流程、设备及检测执行装置均绘制在模拟显示盘上,每个检测点均有数字仪表显示变量的实时值,水泵、加热器和电磁阀的工作状态由指示灯指示。

2. 操作面板

操作面板包括:继电器和按钮、S7-200 可编程控制器、智能控制仪、测量信号接线端子、控制信号接线端子、操作按钮、PC 机和电源等操作区域。①S7-200 可编程控制器区域布置有可编程控制器(PLC)基本模块、模拟量输入输出扩展模块以及相应的接线端子,供实验系统设备组态时使用。具体实验系统的设备组态及运行均需通过操作面板实现。②智能控制仪区域布置有两台型号相同的智能控制仪表和相应的接线端子,供实验系统设备组态时使用。③控制信号接线端子区域集中布置了实验装置的各执行机构接线端子、内部继电器触点与线圈接线端子(用于驱动水泵、电磁阀和加热器等),在进行实验系统设备组态时,可根据实际需要进行连接。④测量信号接线端子区域集中布置了实验装置的全部测量信号(变送器输出),以便于完成实验系统的设备组态。⑤备用继电器区是为了能够更加灵活地进行实验系统的设备组态,特别是利用 PLC 或智能控制仪表驱动大功率设备,本装置配备了十个 24 V DC 继电器和三个按钮开关,并将其触点和线圈接线端引至面板,供实验系统设备组态时使用;⑥PC 机区的 PC 机主要用来生成、运行实验监控系统和对 PLC 进行编程等工作。

5.2 过程控制实验基础知识

5.2.1 概述

过程控制是集自动控制技术、仪器仪表、工业生产过程和计算机技术于一体的综合性技术。过程控制系统是指以表征生产过程的变量为被控制量使之接近给定值或保持在给定范围内的自动控制系统,是为实现对某个工艺参数的自动控制,由相互联系、制约的一些仪表、装置及工艺对象、设备构成的一个有机整体。过程控制的主要任务是对生产过程中的重要参数(温度、压力、流量、成分等)进行控制,使其保持恒定或按一定规律变化。

图 5-4 是工业锅炉水位控制系统。锅炉是生产蒸汽的设备,保持锅炉锅筒内的水位在一定范围内是非常重要的,如果水位过低,锅炉可能被烧干;水位过高,生产的蒸汽含水量大,而且水还可能溢出。采用自动控制时,需要锅炉的给水量与蒸汽的蒸发量保持平衡。水位变化量 Δh 由液位变送器转换为统一的标准信号后送到控制器,控制系统将 Δh 与水位给定值进行比较和运算后发出控制命令,由执行机构改变阀门的开度,相应地增减给水量,以保持给水量与蒸汽量之间的平衡,从而实现了锅炉水位的自动控制。所以说,实现锅炉水位的自动控制需要以下设备:检测水位变化的传感器与变送器、比较水位变化并进行控制运算

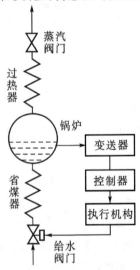

图 5-4 锅炉水位过程控制系统示意图

的控制器、实施控制命令的执行机构、改变给水量的控制阀等。在此基础上再加上一些其他必要的辅助装置,就可构成过程控制系统。

5.2.2 单回路控制系统

过程控制系统按结构特点通常分为单回路控制系统和复杂控制系统,复杂控制系统包括串级控制系统、前馈反馈控制系统和比值控制系统等。

单回路控制系统是最基本、结构最简单的一种控制系统,具有相当广泛的适应性。该控制系统虽然结构简单,却能解决生产过程中大量的控制问题,同时也是复杂控制系统的基础。

单回路控制系统由四个基本环节组成,即控制对象(简称对象)、测量变送装置、控制器(亦称调节器)和执行机构,单回路控制系统也常称为简单控制系统。

如图 5-4 所示,控制要求是维持锅炉液位不变,为了控制液位,选择相应的变送器、控制器和执行机构,组成液位控制系统,该控制系统方框图如图 5-5 所示。

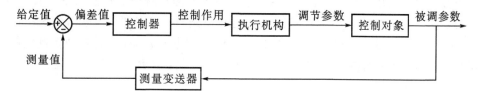

图 5-5　单回路控制系统方框图

单回路控制系统根据其被控量的不同,可分为液位控制系统、压力控制系统、流量控制系统、温度控制系统等。由图 5-5 可以看出,虽然控制系统名称不同,但是它们都有相同的系统框图和组成结构。

完成控制系统的结构设计后,还需要对控制系统控制器的各参数进行调整,使系统的控制效果能够满足工程的需要,这个过程称为控制系统参数的整定。控制系统的控制器参数整定方法,除第 4 章介绍的几种工程整定方法以外,还有经验凑试法。在实际工程中,常常采用经验凑试法进行参数整定。经验凑试法是根据经验数据,先将控制器的参数置于一定的数值上,然后通过观察过渡过程曲线,以 K_P、T_I、T_D 对过渡过程的影响为指导,按照规定顺序,对 K_P、T_I、T_D 逐个整定,直到获得满意的过渡过程为止。

这种方法简单,适用于各种控制系统,应用广泛。特别是外界扰动作用频繁,记录曲线不规则的控制系统,采用此法最为合适。但此法主要是靠经验,在缺乏实际经验或过渡过程本身较慢时,往往较为费时。

若将控制系统按液位、流量、压力、温度等参数来分类,则属于同一类别的系统,其对象特性往往比较相近,所以无论是控制器形式还是所整定的参数,均可相互参考。

经验法整定参数如表 5-1 所示(比例带与比例增益互为倒数关系)。

表 5-1　经验法整定参数

系统	对象特性与控制规律	比例带/(%)	T_I/min	T_D/min
温度	对象容量滞后较大,即参数受干扰后变化迟缓,比例带要小,积分时间要长,一般需要微分	20~60	3~10	0.5~3
流量	时间常数小,比例带要大,积分时间要短,不用微分	40~100	0.3~1	
压力	对象容量滞后一般,一般不加微分	30~70	0.4~3	
液位	对象时间常数范围较大,一般不用微分	20~80		

　　这种经验法是非常有用的,工业上大多数系统只要用这种经验法即能满足要求,它起码提供了合适的初值。如果还要实现更精确的调整可参考表 4-1 PID 控制器中各控制作用对控制效果的影响。总体来说,通过增大比例增益 K_P 来加快系统的响应,使最终稳态偏差变小;减小积分时间 T_I 使稳态误差的消除加快;增大微分时间 T_D 使系统的响应加快。

　　系统参数整定完成之后,就可以将控制系统投入实际运行中。控制系统的投运就是通过适当的方法使控制器从手动工作状态平稳地转换到自动工作状态,也称为无扰动切换。无扰动切换法是在通过手动将过程参数调到符合要求的指标后,在进行自动控制之前,先使控制器的被测量与给定值相重合,再将控制器的手动开关切换到自动控制位置。

5.2.3　串级控制系统

　　一般情况下,单回路控制系统能够满足大多数生产对象的控制要求。但当对象的容量滞后较大,负荷或干扰变化比较剧烈、频繁,或是工艺对产品质量要求较高时,仅采用单回路控制的方法可能就不能获得满意的控制效果,此时可考虑采用串级控制系统。

　　串级控制系统方框图如图 5-6 所示。

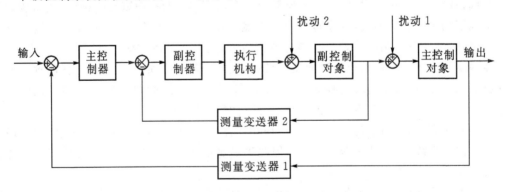

图 5-6　串级控制系统方框图

　　从图 5-6 可以看出,串级控制系统有两个闭合回路。由副控制器、执行机构、副控制对象及副控制器被控量测量变送器组成的回路称为副回路(也称内回路);由主控制器、副回路和系统被控量测量变送器组成的回路称主回路(也称外回路)。在串级控制系统中,主控器的输出值即副控制器的给定值,副控制器的输出直接送往执行机构。主控制器的给定值是一个定值,是由工艺确定的,因此,主回路是一个定值控制系统。副控制器的给定值是由主控制器的输出提供的,它随主控制器的输出而变化,因此,副回路是一个随动系统。

串级控制系统由于引入了副回路,改善了对象的特性,使控制过程加快,具有超前控制的作用,从而有效克服了系统干扰,提高了控制质量。并且,串级控制系统具有一定的自适应能力,可用于负荷和操作条件变化较大的场合。

图 5-7 的氨气催化氧化控制系统是一个串级控制系统,该控制系统的被控量是氧化炉内的温度,通过控制氨气的流量来保证氧化炉内的温度保持在合适的范围内。其中氧化炉是主被控对象,温度控制器 TC 是主控制器;混合器是副控制对象,流量控制器 FC 是副控制器;电动阀是执行机构。当氨气流量受到扰动时,副控制回路起调节作用;当氧化炉温度受到扰动时,主控制回路起调节作用。

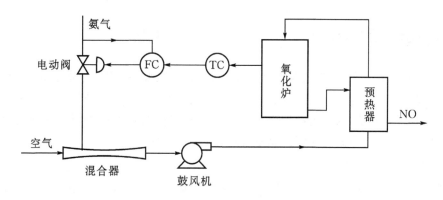

图 5-7   氨气催化氧化系统

串级控制系统在使用过程中,需要注意以下几个方面的问题。

1. 主、副控制器控制规律的选择

凡涉及串级控制系统的场合,对象特性总有较大的滞后,主控制器的控制任务是使主参数等于给定值,一般宜采用 PI 或 PID 控制规律。而副回路是随动回路,允许有波动和余差。为了能快速跟踪,副控制器一般只采用 P 作用。当副回路是流量或压力系统时,它们的开环静态增益、时间常数都较小,并且存在高噪声,因此流量或压力副控制器常采用 PI 控制规律,以减少系统的波动。

2. 主、副控制器正、反作用的选择

要使一个过程控制系统能正常工作,系统必须采用负反馈。对于串级控制系统来说,主、副控制器的正、反作用方式的选择原则是使整个系统构成负反馈系统,即其主通道各环节正负符号乘积必须为正。

各环节正负符号是这样规定的:凡是输入增大导致输出也增大的为"+",反之为"-"。考虑到在控制系统方框图中,控制器算式与比较环节是分开表达的,比较环节的测量通道占了一个"-"号,所以正作用控制器取"-",反作用控制器取"+"。

3. 控制系统的参数整定

串级控制系统参数整定亦采用先副后主的顺序。因为副回路整定要求较低,在整定时

不必把过多精力花在副回路上。根据经验值将副控制器的参数置于一定数值后,应集中精力整定主回路,使主变量达到规定的要求。按照经验值设置的副控制器参数不一定合适,但可以通过调整主控制器的放大倍数来补偿副控制器的放大倍数,结果仍可以使主变量呈现4∶1衰减振荡过程。

串级控制系统参数整定步骤如下:首先按表 5-2 所列的副控制器参数经验值,将副控制器比例增益调到某一适当数值,然后按单回路整定方法整定主控制器的参数。

表 5-2 副控制器参数经验值

副变量类型	副控制器增益/%	副变量类型	副控制器增益/%
液位	20～80	压力	30～70
流量	40～100	温度	20～60

5.2.4 比值控制系统

在化工、炼油生产中,经常需要将两种或两种以上的物料按照一定的比例混合,如果比例失调则会造成产品质量不合格或生产事故。比例控制的目的,就是让两种或两种以上物料符合一定的比例关系,保证生产安全进行。通常将保持两种或两种以上物料的流量为一定比例关系的系统,称为流量比值控制系统。

1. 开环比值控制系统

开环比值控制系统是最简单的比值控制系统。如图 5-8 所示为开环比值控制系统方框图,在这个系统中,通过控制作用使 Q_2 随着 Q_1 的变化而变化,理想状态下,当系统达到稳态时可以满足关系 $\dfrac{Q_2}{Q_1} = K(K$ 为常数$)$。在实际情况中,当执行机构受到扰动时,系统不起控制作用,此时难以保证 Q_2 与 Q_1 的比为定值关系。这种控制方案 Q_2 本身无抗干扰能力,所以只适用于副流量较平稳且流量比值要求不高的场合,在实际生产过程中很少用到。

图 5-8 开环比值控制系统方框图

2. 单闭环比值控制系统

如图 5-9 所示为单闭环比值控制系统方框图。单闭环比值控制系统是在开环比值系统的基础上,增加一个副流量的闭环控制系统。当主流量变化时,其流量信号经测量变送器送到比值器,比值器按预先设置好的比值系数使得输出成比例变化,并作为副流量控制器的给定值。单闭环比值控制系统不但能实现副流量跟随主流量的变化而变化,而且还可以克服副流量本身干扰对比值的影响,因此流量比值较为精确。但由于主流量不受控制,所以当主流量变化时总的物料量会跟着变化,因此单闭环比值控制系统不适用于负荷变化幅度大、物料直接去化学反应器的场合。

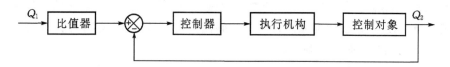

图 5 - 9 单闭环比值控制系统方框图

图 5-10 是一个丁烯洗涤系统,该系统的目的是用水除去丁烯馏分所夹带的微量乙腈。为了保证洗涤质量,要求根据进料流量配以一定比例的洗涤水量。该系统为单闭环比值控制系统,含乙腈的丁烯馏分流量为 Q_1,通过比例器 K 后和洗涤水流量为 Q_2 共同作用于控制器 FC,执行机构为控制洗涤水的调节阀。

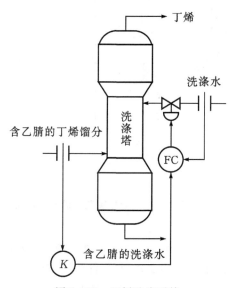

图 5 - 10 丁烯洗涤系统

3. 双闭环比值控制系统

如图 5-11 所示为双闭环比值控制系统方框图。双闭环比值控制分别对主、副流量进行闭环控制,主控制器控制的回路是定值单回路,副控制器控制的回路是随动单回路。双闭环比值控制系统既能使主副流量的比值恒定,又能使进入系统的总负荷稳定。主要适用于主流量干扰频繁、工艺上不允许负荷有较大波动的场合。

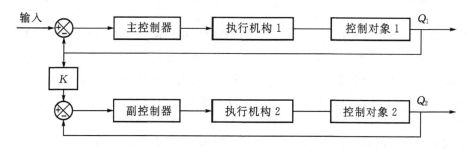

图 5 - 11 双闭环比值控制系统方框图

图 5-12 为某溶剂厂生产中采用的二氧化碳与氧气流量的双闭环比值控制系统,给定二氧化碳流量为输入,通过控制系统使二氧化碳流量 Q_1 和氧气流量 Q_2 之比保持为定值 K,F_1C 和 F_2C 分别是主控制器和副控制器。

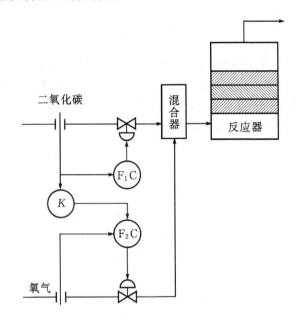

图 5-12 二氧化碳与氧气流量控制系统

双闭环比值控制系统的主流量回路一般为定值系统,可按单回路控制系统整定。双闭环副流量回路、单闭环比值控制系统均为随动控制系统,对于随动系统,希望从物料能迅速正确地跟随主物料变化,且不宜有过调,因此要求衰减比 $n=10:1$(振荡与不振荡边界)。

按照随动控制系统的整定要求,整定步骤如下:首先进行比值系数计算;然后使控制器采用 PI 作用,将积分时间置于最大,调整比例增益由小到大,使衰减比达到 $10:1$;最后减小比例增益,减小积分时间,使衰减比达到 $10:1$。比值控制系统投运前的准备工作和投运步骤与单回路控制系统相同。

5.2.5　前馈-反馈控制系统

反馈控制系统的特点是控制系统受到扰动,被控量出现偏差后控制器才进行调整,校正扰动对被控量的影响,因而是一种利用偏差消除偏差的控制系统,或者说是不及时控制。前馈控制系统是控制器根据扰动的大小和方向,按一定的规律调整控制作用,又称扰动补偿系统,前馈控制系统由于在扰动发生之后,被控量还未变化之前,控制器就产生控制作用,因此从理论上讲,只要控制规律设计得好,被控量就不会出现偏差。但实际上过程的数学模型一般情况下只能得到近似的动态模型、完全消除偏差的前馈控制器的传递函数难以描述、影响被控量的扰动因素过多等诸多原因,使前馈控制系统一般不单独应用于工业生产过程。

图 5-13 所示为前馈控制系统方框图,其中 $G_m(s)$ 为前馈控制器传递函数,$G_d(s)$、$G_p(s)$

分别表示对象干扰通道与控制通道的传递函数。式(5-1)是理想的前馈控制器规律,式中的负号表示控制作用与干扰作用的方向相反。如果能够得到对象干扰通道传递函数 $G_d(s)$ 和对象控制通道传递函数 $G_p(s)$,则由式(5-1)设计出的前馈控制器传递函数 $G_m(s)$ 就能够实现完全补偿。当只考虑扰动通道和控制通道的放大系数不同时,则前馈控制器可近似为一个比例环节,这种前馈形式称为静态前馈;当扰动通道和控制通道的动态特性差别比较大时,采用静态前馈会出现较大的动态误差,则根据扰动通道和控制通道的传递函数由式(5-1)得出相应的前馈控制器控制规律,称为动态控制。

$$G_m(s) = -\frac{G_d(s)}{G_p(s)} \tag{5-1}$$

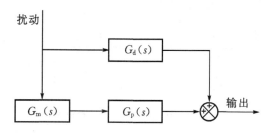

图 5-13　前馈控制系统方框图

　　前馈控制系统中不存在被控量的反馈,即对于补偿的效果没有检验的手段,如果控制的结果无法消除被控量的偏差,系统也无法获得这一信息做进一步校正;反馈控制系统则是根据被控量与给定值的偏差大小和方向产生控制作用。前馈控制系统在扰动发生之后,被控量出现偏差之前就产生控制作用;反馈控制系统是在被控量出现偏差之后,控制器改变作用量来消除扰动的影响。将前馈与反馈结合起来应用就可以构成前馈-反馈控制系统,既发挥了前馈校正及时的优点,又保持了反馈控制能克服多种干扰及对被控量进行检验的长处。

　　图 5-14 为前馈-反馈控制系统方框图。其中,$G_m(s)$ 表示前馈控制器的传递函数,$G_c(s)$ 表示反馈控制器的传递函数。在前馈-反馈控制系统中,前馈控制只须对被控量影响最显著,且反馈控制不易克服或需要较长时间才能对主要扰动进行补偿。其他次要扰动对被控量的影响,可由反馈控制器消除,这样既保证了精度,又简化了系统。同时由于反馈回路的存在,对前馈控制的精度要求也可以降低。

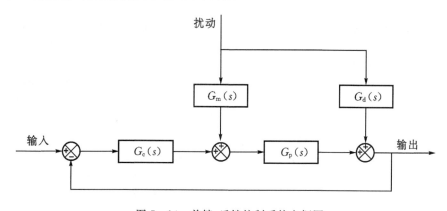

图 5-14　前馈-反馈控制系统方框图

　　图 5 - 15 为某换热器的前馈-反馈控制系统。该系统通过蒸汽阀控制蒸汽流量的大小，来维持出口热水温度在允许范围内。其中流量控制器 FC 为前馈控制器，温度控制器 TC 为反馈控制器。当冷水流量受到扰动时，流量控制器 FC 可以快速反应使蒸汽阀做出相应动作减小扰动带来的影响，出口热水温度通过温度变送器 TT 反馈给温度控制器 TC 进一步调整蒸汽流量，最终实现一个高精度的出口热水温度控制效果。

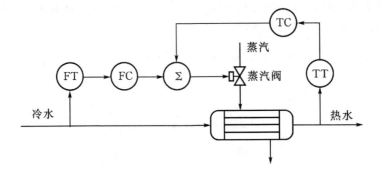

图 5 - 15　换热器前馈-反馈控制系统

第6章　单回路控制系统实验

通过自动控制原理的理论学习,掌握自动控制基本原理和概念后,进一步通过过程控制实验装置把自动控制的理论应用到实际设备中去。在过程控制实验装置上设计、搭建出不同形式的简单自动控制系统及复杂自动控制系统,使学生对自动控制系统的设计过程和控制过程有更为感性的认识,深入地了解、观测、研究所建系统的特性及运动规律。

6.1　单回路控制系统应用

单回路控制系统如5.2.2中所述,是最基本、最简单的一类控制系统,具有相当广泛的适应性。在计算机控制已占主流地位的今天,这类控制仍占70%以上。

简单闭环控制系统虽然结构简单,却能解决生产过程中大量的控制问题,同时也是复杂控制系统的基础。简单闭环控制系统通常指由一个控制器、一个执行机构、一个控制对象和一个测量变送装置等基本环节所组成的闭环负反馈控制系统。简单闭环控制系统常见的被控量有温度、压力、流量等。

图6-1是一个管壳式换热器出口水温自动控制系统,图中TT是温度的测量变送器,TC是温度的控制器,蒸汽阀是执行机构,换热器是被控对象,出口的热水温度是被控量。TT测出换热器出口热水温度后做为反馈信号送入TC中,TC与给定值比较得出偏差信号后经过一系列运算给出相应的控制信号,控制信号使蒸汽阀动作控制进入换热器的加热蒸汽流量,使换热器出口热水温度与给定值的偏差在允许范围内。

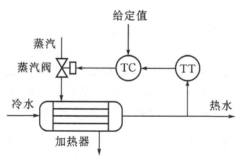

图6-1　管壳式换热器出口水温自动控制系统物理结构示意图

图6-2是一个离心水泵出口压力自动控制系统,图中PT是水泵出口压力的测量变送器,PC是压力的控制器,旁通阀是执行机构,离心水泵是被控对象,水泵出口压力是被控量。PT测出水泵出口压力后做为反馈信号送入PC中,PC与给定值比较得出偏差信号后经过一系列运算给出相应的控制信号,控制信号使旁通阀动作控制旁通管道的流量,使水泵出口压力与给定值的偏差在允许范围内。

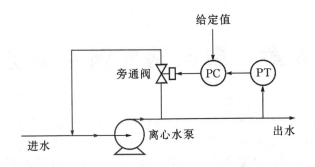

图 6-2　压力自动控制系统物理结构示意图

　　不同的简单闭环控制系统虽然控制对象不同、被控量不同,但其控制系统的组件作用及控制原理都类似。

6.2　液位自动控制实验

　　1. 实验目的

　　(1)熟悉液位自动控制系统的组成特点和工作流程。

　　(2)理解液位自动控制系统的工作原理。

　　(3)掌握液位自动控制系统的设计、构建、调试和投运方法。

　　(4)掌握利用"经验法"进行单回路 PID 控制器参数整定的方法。

　　(5)研究 PID 控制器工作参数对系统动态性能的影响。

　　2. 实验设备

　　(1)过程控制实验装置。

　　(2)万用表、叠插式安全连线若干。

　　3. 实验原理

　　图 6-3 为液位自动控制系统工作流程图,水从储水槽出来经过主水泵加压后一部分通过旁路阀 F4 回到储水槽,另一部分通过调节阀、电磁流量计 FT1 及电磁阀 S1 进入下水箱,再由下水箱底部的管道经过截止阀 F1 回到储水槽,从而构成了一个循环。水箱液位通过液

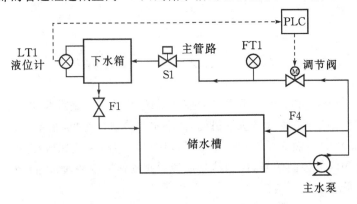

图 6-3　液位自动控制系统工作流程图

位变送器 LT1 测量,控制器采用 PLC 控制器。

图 6 - 4 为液位自动控制系统方框图,本实验系统以下水箱的液位作为系统的被控量,实验要求下水箱的液位稳定在给定值附近。将液位变送器 LT1 检测到的下水箱液位信号作为反馈信号,与给定值比较后获得误差信号送到 S7 - 200PLC 可编程控制器,经 PID 运算后产生控制信号,并通过可编程控制器的模拟量输出端口送到电动调节阀,通过控制其阀门开度控制流经其液体的流量,进而达到控制下水箱液位的目的。

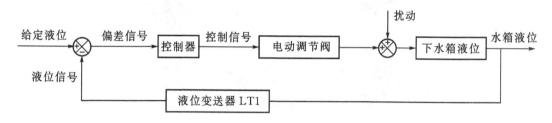

图 6 - 4 液位自动控制系统方框图

由于本实验系统为恒值控制系统,要求被控量在稳态时等于给定值,为了实现系统在阶跃给定或扰动作用下的无静差控制,系统的控制器宜采用 PI 控制。

4. 实验内容

此实验以下水箱液位为被控量,下水箱液位初始给定值为 100 mm,根据所学的 PID 控制器参数整定方法,分析各控制作用参数对控制系统性能的影响,对本实验控制系统的控制器参数进行整定计算,并将整定好的参数设置到控制系统中。系统投运后,待系统稳定加入扰动,绘制阶跃扰动作用下的响应曲线,并研究该系统的动态特性。按要求完成实验报告的编写。

5. 实验步骤

图 6 - 5 是过程控制实验装置中 PLC 控制器的操作面板,为了方便实验操作,将控制器和扩展模块的信号接线引脚引出至接线端如图中 4、5 所示,控制器和扩展模块的信号接线引脚与接线端处的编号一一对应。图中 3 区域可以向外输出 24 V 直流电源。本章中实验的控制系统监控界面(上位机)已完成,各信号在控制器内部的地址编号已固定,因此各信号输入、输出在控制器上的接线位置按以下实验步骤即可完成控制系统各设备之间数据信号的连接。

(1)准备红色、蓝色和绿色叠插式安全插线若干,接通实验装置的总电源。

(2)将下水箱出口手动阀 F1 开至适当开度,建立系统循环回路;将主管路的旁路阀 F4 开至适当开度,保证水泵的安全运行,阀门编号如图 6 - 3 所示。

(3)控制器接通电源。将"24 V DC"电源接到可编程控制器的开关量输入(CPU224 IN-PUT)、输出(CPU224 OUTPUT)端口的 L 和 M,L 接正(+),M 接负(-);将"24 V DC"电源接到可编程控制器右侧第一个模拟量扩展模块 EM235 的 L+ 和 M,L+ 接正(+),M 接负(-)。操作面板详如图 6 - 5 所示。

(4)测量信号接入控制器。将测量信号区的"下水箱液位"中的"mA/V 输出"信号,按极性连接到可编程控制器右侧第一个模拟量扩展模块 EM235 输入端口 A+ 和 A-,并将 RA 与 A+ 短路(电流输入信号接法)。将 B+ 与 B- 短路,C+ 与 C- 短路。

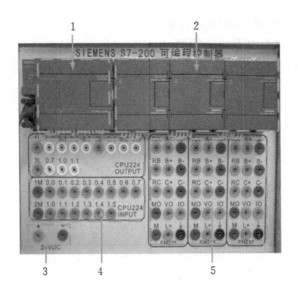

图 6 - 5　操作面板

1—S7 - 200 基本模块;2—S7 - 200 扩展模块(EM235);3—24V 直流电源;

4—S7 - 200 基本模块接线端;5—S7 - 200 扩展模块接线端

(5)控制信号接入执行机构。将可编程控制器右侧第一个模拟量扩展模块 EM235 输出端口按极性连接到控制信号区的"调节阀"端口,IO 接"调节阀"端口正(+),MO 接"调节阀"端口负(-);将可编程控制器的开关量输出端口 0.0 连接到控制信号区的"主泵自动 J1"端口,将端口 1.0 连接到"下主自动 J9"端口。

(6)进入操作界面。打开计算机,双击 MCGS 运行环境图标进入"过程控制教学实验系统"界面,再点击"过程控制教学实验系统",进入"实验系统选择"界面,通过菜单选择"单回路控制系统"→"液位自动控制系统",进入"单回路液位控制系统"的监控界面,如图 6 - 6 所示。

(7)选择控制方式并给定控制目标值。在"单回路液位控制系统"的监控界面中,工作方式选择自动和反作用,使系统切换至自动控制状态,并指定了反馈作用方式是负反馈。然后按顺序点击"下主电磁阀"、"主水泵"图标启动相关设备,再点击"曲线界面"按钮图标激活曲线界面后返回监控界面,将液位给定值设为 100 mm。

(8)参照表 5 - 1 中的经验法给出 PID 控制器参数的初始值,并根据比例、积分、微分对控制系统性能的影响,对 PID 参数进行适当调整,使液位稳定在给定值附近。

(9)当系统稳定以后,改变系统给定值或加入扰动查看系统的稳定性。

①突增(减)给定值的大小,使其产生一个正(负)阶跃变化。

②引入外界干扰:比如通过中水箱出水引入一定的扰动。

以上扰动均要求扰动量为控制量的 5% ~15%,扰动过大可能造成系统不稳定。加入扰动后,水箱液位便离开原平衡状态,经过一段调节时间后,水箱液位稳定至新的给定值(或恢复到原有的稳定状态)。

(10)记录系统的阶跃响应曲线及给定值、扰动量和 PID 参数值。

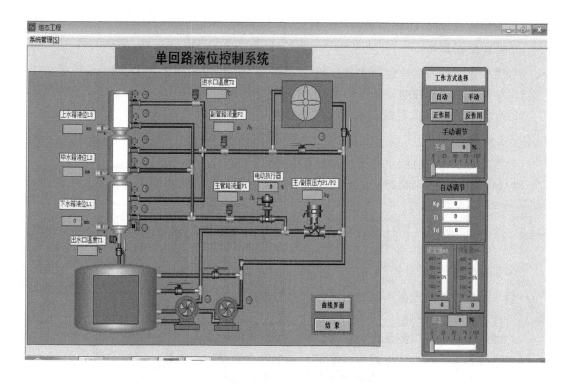

图 6-6　液位自动控制系统监控界面

6. 实验相关说明

(1)叠插式安全插线使用原则。红色插线用于端口正(＋),蓝色插线用于端口负(－),绿色插线用于开关量控制端口。

(2)液位自动控制系统接线如表 6-1 所示。

表 6-1　液位自动控制系统接线表

测量或控制信号	PLC 地址和端口
下水箱液位	AIW0 左侧第一块 EM235 输入端口 A＋和 A－
调节阀	AQW0 左侧第一块 EM235 输出端口 IO 和 MO
主泵自动 J1	Q0.0 CPU224 OUTPUT 0.0
下主自动 J9	Q1.0 CPU224 OUTPUT 1.0

7. 实验注意事项

(1)严禁将开关量或模拟量的输入端与输出端短接,以免因短路损坏设备。

(2)严禁关闭主、副管路旁路阀门,以免造成事故或损坏设备。

(3)实验过程中,不得随意改变下水箱出水口阀门和主管路旁路阀门的开度大小。

(4)加入的扰动量不宜太大,以免系统工作失控;但也不能过小,以防止对象特性失真。

(5)记录工作应持续到输出参数进入新的稳态过程为止。

(6)应严格按照实验步骤进行实验,请勿随意按压操控台上的按钮开关。

(7)实验时应关闭主、副管路之间的阀门。

8. 实验报告要求

(1)实验报告的内容应包括实验目的、实验设备、实验原理、实验内容、实验曲线等。

(2)用经验法确定控制器的工作参数,写出整定过程。

(3)分析 P、I、D 参数对控制系统性能的影响。

9. 思考题

(1)影响下水箱液位的主要干扰因素有哪些?

(2)如何减小或消除稳态误差? 纯比例控制能否消除稳态误差?

6.3　流量自动控制实验

1. 实验目的

(1)熟悉流量自动控制系统的组成特点和工作流程。

(2)理解流量自动控制系统的工作原理。

(3)掌握流量自动控制系统的设计、构建、调试和投运方法。

(4)掌握利用"经验法"进行单回路 PID 控制器参数整定的方法。

(5)研究 PID 控制器工作参数对系统动态性能的影响。

2. 实验设备

(1)过程控制实验装置。

(2)万用表、叠插式安全连线若干。

3. 实验原理

图 6-7 为流量自动控制系统工作流程图,实验系统中水的流向与液位自动控制实验相同。主管路中的流量通过电磁流量计 FT1 测量,主流量与给定值比较后获得误差信号送到 S7-200PLC 可编程控制器,经 PID 运算后产生控制信号,送到电动调节阀控制其阀门开度,进而控制流经其液体的流量,达到控制主管路流量的目的。

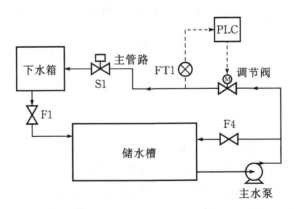

图 6-7　流量自动控制系统工作流程图

图 6-8 为流量自动控制系统方框图。本实验系统以流经主管路中的液体流量作为系统的被控量,将电磁流量计 FT1 检测到的主管路流量信号作为反馈信号,电动调节阀为执行机构。

由于本实验系统为恒值控制系统,要求被控量在稳态时等于给定值,为了实现系统在阶跃给定或扰动作用下的无静差控制,系统的控制器宜采用 PI 控制。

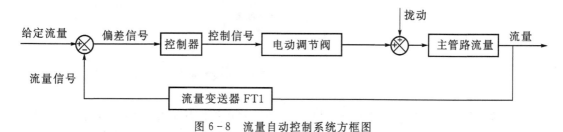

图 6-8　流量自动控制系统方框图

4. 实验内容

此实验以主管路流量为被控量,主管路流量初始给定值为 0.5 m³/h,选择相应的整定方法,对本实验控制系统的控制器参数进行整定计算,并将整定好的参数设置到控制系统中。系统投运后,待系统稳定加入扰动,绘制阶跃扰动作用下的响应曲线,并研究该系统的动态特性。按要求完成实验报告的编写。

5. 实验步骤

(1)准备红色、蓝色和绿色叠插式安全插线若干,接通实验装置的总电源。

(2)将下水箱出口手动阀 F1 开至适当开度,建立系统循环回路;将主管路的旁路阀 F4 开至适当开度,保证水泵的安全运行,阀门编号如图 6-7 所示。

(3)控制器接通电源。将"24V DC"电源接到可编程控制器的开关量输入(CPU224 INPUT)、输出(CPU224 OUTPUT)端口的 L 和 M,L 接正(+),M 接负(-);将"24V DC"电源接到可编程控制器右侧第一个模拟量扩展模块 EM235 的 L+和 M,L+接正(+),M 接负(-)。操作面板详见图 6-5 所示。

(4)测量信号接入控制器。将测量信号区的"主管路流量"中的"mA/V 输出"信号,按极性连接到可编程控制器右侧的第一个模拟量扩展模块 EM235 输入端口 A+和 A-,并将 RA 与 A+短路(电流输入信号接法);将 B+与 B-短路,C+与 C-短路。操作面板详见图 6-5 所示。

(5)控制信号接入执行机构。将可编程控制器右侧第一个模拟量扩展模块 EM235 输出端口按极性连接到控制信号区的"调节阀"端口,IO 接"调节阀"端口正(+),MO 接"调节阀"端口负(-);将可编程控制器的开关量输出端口 0.0 连接到控制信号区的"主泵自动 J1"端口,将端口 1.0 连接到"下主自动 J9"端口。

(6)进入操作界面。打开计算机,双击 MCGS 运行环境图标进入"过程控制教学实验系统"界面,再点击"过程控制教学实验系统",进入"实验系统选择"界面,通过菜单选择"单回路控制系统"→"流量自动控制系统"→"阀门控制系统",进入"单回路流量控制系统"的监控界面,界面与"单回路液位控制系统"的监控界面基本相同,主要区别在给定值的范围和单位,如图 6-9 所示。

图 6-9　流量自动控制系统参数设置界面

（7）选择控制方式并给定控制目标值。在"单回路流量控制系统"的监控界面中，工作方式选择自动和反作用，然后按顺序点击"下主电磁阀"、"主水泵"图标启动相关设备，再点击"曲线界面"按钮图标激活曲线界面后返回监控界面，将流量给定值设为 0.5 m³/h。

（8）参照表 5-1 中的经验法整定 PID 控制器参数的初始值，并根据比例、积分、微分对控制系统性能的影响，对 PID 参数进行适当调整，使流量稳定在给定值附近。

（9）当系统稳定以后，改变系统给定值或加入扰动查看系统的稳定性。

①突增（减）给定值的大小，使其产生一个正（负）阶跃变化。

②引入外界干扰：比如增大或减小旁路阀的开度。

以上扰动均要求扰动量为控制量的 5% ～15%，扰动过大可能造成系统不稳定。加入扰动后，主管路流量便离开原平衡状态，经过一段调节时间后，主管路流量稳定至新的给定值（或恢复到原有的稳定状态）。

（10）记录系统的阶跃响应曲线及给定值、扰动量和 PID 参数值。

6．实验相关说明

（1）叠插式安全插线使用原则。红色插线用于端口正（＋），蓝色插线用于端口负（－），绿色插线用于开关量控制端口。

（2）流量自动控制系统接线如表 6-2 所示。

表 6-2　流量自动控制系统接线表

测量或控制信号	使用 PLC 地址和端口
主管路流量	AIW0 左侧第一块 EM235 输入端口 A＋和 A－
调节阀	AQW0 左侧第一块 EM235 输出端口 IO 和 MO
主泵自动 J1	Q0.0 CPU224 OUTPUT 0.0
下主自动 J9	Q1.0 CPU224 OUTPUT 1.0

7．实验注意事项

（1）严禁将开关量或模拟量的输入端与输出端短接，以免因短路损坏设备。

（2）严禁关闭主、副管路旁路阀门，以免造成事故或损坏设备。

（3）实验过程中，不得随意改变下水箱出水口阀门和主管路旁路阀门的开度大小（加入扰动的情况除外)。

(4)加入的扰动量不宜太大,以免系统工作失控;但也不能过小,以防止对象特性失真。

(5)记录工作应持续到输出参数进入新的稳态过程为止。

(6)应严格按照实验步骤进行实验,请勿随意按压操控台上的按钮开关。

(7)实验时应关闭主、副管路之间的阀门。

8. 实验报告要求

(1)实验报告的内容应包括实验目的、实验设备、实验原理、实验内容、实验曲线等。

(2)用经验法确定控制器的工作参数,写出整定过程。

(3)分析 P、I、D 参数对控制系统的性能产生的影响。

9. 思考题

(1)实验中,影响主管路流量的主要干扰因素有哪些?

(2)实验建议使用 PI 控制,如果只使用 P 控制是否可以? 为什么?

6.4 压力自动控制实验

1. 实验目的

(1)熟悉压力自动控制系统的组成特点和工作流程。

(2)理解压力自动控制系统的工作原理。

(3)掌握压力自动控制系统的设计、构建、调试和投运方法。

(4)掌握利用"经验法"进行单回路 PID 控制器参数整定的方法。

(5)研究 PID 控制器中工作参数对系统动态性能的影响。

2. 实验设备

(1)过程控制实验装置。

(2)万用表、叠插式安全连线若干。

3. 实验原理

图 6-10 为压力自动控制系统工作流程图,实验系统中水的流向与液位自动控制实验相同。主管路中的压力通过压力变送器 PT1 测量,控制器采用 PLC 控制器。主管路压力与

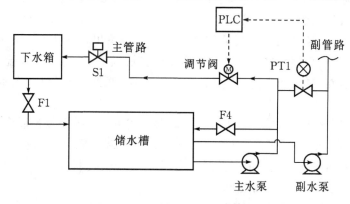

图 6-10　压力自动控制系统工作流程图

给定值比较后获得误差信号送到 S7-200PLC 可编程控制器,经 PID 运算后产生控制信号,送到电动调节阀控制其阀门开度,达到控制主管路压力的目的。

图 6-11 为压力自动控制系统方框图。本实验系统以主水泵出口压力作为系统的被控量,将压力变送器 PT1 检测到的主水泵出口压力信号作为反馈信号,电动调节阀为执行机构。

由于本实验系统为恒值控制系统,要求被控量在稳态时等于给定值,为了实现系统在阶跃给定或扰动作用下的无静差控制,系统的控制器宜采用 PI 控制。

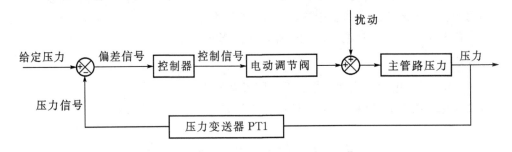

图 6-11　压力自动控制系统方框图

4. 实验内容

此实验以主水泵出口压力为被控量,主水泵出口压力初始给定值为 40 kPa,选择相应的整定方法,对本实验控制系统的控制器参数进行整定计算,并将整定好的参数设置到控制系统中。系统投运后,待系统稳定加入扰动,绘制阶跃扰动作用下的响应曲线,并研究该系统的动态特性。按要求完成实验报告的编写。

5. 实验步骤

(1)准备红色、蓝色和绿色叠插式安全插线若干,接通实验装置的总电源。

(2)将下水箱出口手动阀 F1 开至适当开度,建立系统循环回路;将主管路的旁路阀 F4 开至适当开度,保证水泵的安全运行,阀门编号如图 6-10 所示。

(3)控制器接通电源。将"24V DC"电源接到可编程控制器的开关量输入(CPU224 INPUT)、输出(CPU224 OUTPUT)端口的 L 和 M,L 接正(+),M 接负(-);将"24V DC"电源接到可编程控制器右侧第一个模拟量扩展模块 EM235 的 L+ 和 M,L+ 接正(+),M 接负(-)。操作面板详见图 6-5 所示。

(4)测量信号接入控制器。将测量信号区的"主/副泵出口压力"中的"mA/V 输出"信号,按极性连接到可编程控制器右侧第一个模拟量扩展模块 EM235 输入端口 A+ 和 A-,并将 RA 与 A+ 短路(电流输入信号接法);将 B+ 与 B- 短路,C+ 与 C- 短路。操作面板详见图 6-5 所示。

(5)控制信号接入执行机构。将可编程控制器右侧第一个模拟量扩展模块 EM235 输出端口按极性连接到控制信号区的"调节阀"端口,IO 接"调节阀"端口正(+),MO 接"调节阀"端口负(-);将可编程控制器的开关量输出端口 0.0 连接到控制信号区的"主泵自动 J1"端口,将端口 1.0 连接到"下主自动 J9"端口。

(6)进入操作界面。双击 MCGS 运行环境图标进入"过程控制教学实验系统"界面,再点击"过程控制教学实验系统",进入"实验系统选择"界面,通过菜单选择"单回路控制系统"→"压力自动控制系统",进入"单回路压力控制系统"的监控界面,界面与"单回路液位控制系统"的监控界面基本相同,主要区别在给定值的范围和单位,如图 6-12 所示。

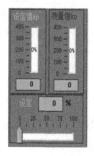

图 6-12　压力自动控制系统参数设置界面

(7)选择控制方式并给定控制目标值。在"单回路压力控制系统"的监控界面中,工作方式选择自动和正作用,然后按顺序点击"下主电磁阀"、"主水泵"图标启动相关设备,再点击"曲线界面"按钮图标激活曲线界面后返回监控界面,将主水泵出口压力给定值设为 40 kPa。

(8)参照表 5-1 中的经验法整定 PID 控制器参数的初始值,并根据比例、积分、微分对控制系统性能的影响,对 PID 参数进行适当调整,使压力稳定在给定值附近。

(9)当系统稳定以后,改变系统给定值或加入扰动查看系统的稳定性。

①突增(减)给定值的大小,使其产生一个正(负)阶跃变化。

②引入外界干扰:比如增大或减小旁路阀的开度。

以上扰动均要求扰动量为控制量的 5％ ～15％,扰动过大可能造成系统不稳定。加入扰动后,主水泵出口压力便离开原平衡状态,经过一段调节时间后,主水泵出口压力稳定至新的给定值(或恢复到原有的稳定状态)。

(10)记录系统的阶跃响应曲线及给定值、扰动量和 PID 参数值。

6. 实验相关说明

(1)叠插式安全插线使用原则。红色插线用于端口正(＋),蓝色插线用于端口负(一),绿色插线用于开关量控制端口。

(2)压力自动控制系统接线如表 6-3 所示。

表 6-3　压力自动控制系统接线表

测量或控制信号	使用 PLC 地址和端口
主/副泵出口压力	AIW0 左侧第一块 EM235 输入端口 A＋和 A－
调节阀	AQW0 左侧第一块 EM235 输出端口 IO 和 MO
主泵自动 J1	Q0.0 CPU224 OUTPUT 0.0
下主自动 J9	Q1.0 CPU224 OUTPUT 1.0

7. 实验注意事项

(1)严禁将开关量或模拟量的输入端与输出端短接,以免因短路损坏设备。

(2)严禁关闭主、副管路旁路阀门,以免造成事故或损坏设备。

(3)实验过程中,不得随意改变下水箱出水口阀门和主管路旁路阀门的开度大小(加入扰动的情况除外)。

(4)加入的扰动量不宜太大,以免系统工作失控;但也不能过小,以防止对象特性失真。

(5)记录工作应持续到输出参数进入新的稳态过程为止。

(6)应严格按照实验步骤进行实验,请勿随意按压操控台上的按钮开关。

(7)实验时应关闭主、副管路之间的阀门。

8. 实验报告要求

(1)实验报告的内容应包括实验目的、实验设备、实验原理、实验内容、实验曲线等。

(2)用经验法确定控制器的工作参数,写出整定过程。

(3)分析 P、I、D 参数对控制系统性能的影响。

9. 思考题

(1)实验中,影响主水泵出口压力的主要干扰因素有哪些?

(2)如果不关闭主、副管路之间的阀门,对压力控制会有何影响?

6.5　温度自动控制实验

1. 实验目的

(1)熟悉温度自动控制系统的组成特点和工作流程。

(2)理解温度自动控制系统的工作原理。

(3)掌握温度自动控制系统的设计、构建、调试和投运方法。

(4)掌握利用"经验法"进行单回路 PID 控制器参数整定的方法。

(5)研究 PID 控制器工作参数对系统动态性能的影响。

2. 实验设备

(1)过程控制实验装置。

(2)万用表、叠插式安全连线若干。

3. 实验原理

图 6 - 13 为温度自动控制系统工作流程图。主管路中的流量通过电磁流量计 FT1 测量,下水箱出口水温通过热电阻温度传感器 TT1 测量,检测到的下水箱出口液体温度信号作为反馈信号送到 S7 - 200PLC 可编程控制器,经 PID 运算后产生控制信号,并通过可控硅调功器根据控制信号大小改变晶闸管导通角,从而改变加热器的电源功率,进而达到控制下水箱出口液体温度的目的。

图 6 - 14 为温度自动控制系统方框图,本实验系统以下水箱出口液体温度作为系统的被控量,将温度变送器 TT1 检测到的下水箱出口液体温度作为反馈信号,可控硅调功器为执行机构。

在单回路温度控制系统中,其参数整定方法与其他单回路控制系统一样,但由于加热过程容量时延较大,所以其控制过渡时间也较长,系统的控制器宜采用 PID 控制。

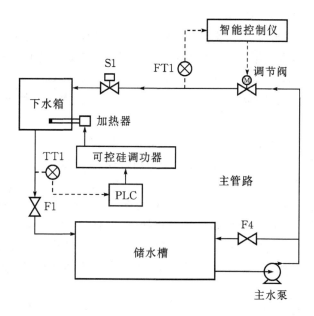

图 6-13   温度自动控制系统工作流程图

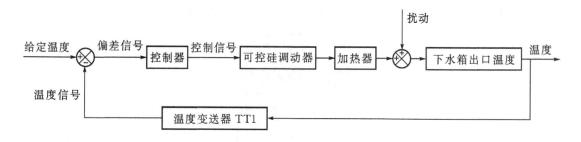

图 6-14   温度自动控制系统方框图

4. 实验内容

此实验以下水箱出口液体温度为被控量,下水箱出口液体温度初始给定值为 30 ℃,选择相应的整定方法,对本实验控制系统的控制器参数进行整定计算,并将整定好的参数设置到控制系统中。系统投运后,待系统稳定加入扰动,绘制阶跃扰动作用下的响应曲线,并研究该系统的动态特性。按要求完成实验报告的编写。

5. 实验步骤

(1)准备红色、蓝色和绿色叠插式安全插线若干,接通实验装置的总电源。

(2)将下水箱出口手动阀 F1 开至较小开度,建立系统循环回路;将主管路的旁路阀 F4 开至较大开度,保证水泵的安全运行,阀门编号如图 6-13 所示。

(3)控制器接通电源。将"24V DC"电源接到可编程控制器的开关量输入(CPU224 IN-PUT)、输出(CPU224 OUTPUT)端口的 L 和 M,L 接正(+),M 接负(-);将"24V DC"电源接到可编程控制器右侧第一个模拟量扩展模块 EM235 的 L+和 M,L+接正(+),M 接负(一)。操作面板详见图6-5所示。

(4)测量信号接入控制器。将测量信号区的"出水口温度"中的"mA/V输出"信号,按极性连接到可编程控制器右侧第一个模拟量扩展模块EM235输入端口A+和A-,并将RA与A+短路(电流输入信号接法)。将B+与B-短路,C+与C-短路。操作面板详见图6-5所示;将测量信号区的"主管路口流量"中的"mA/V输出"信号,按极性连接到智能控制仪表调节器1的"PV输入"端口。

(5)控制信号接入执行机构。将可编程控制器右侧第一个模拟量扩展模块EM235输出端口按极性连接到控制信号区的"加热器"端口,IO接"加热器"端口正(+),MO接"加热器"端口负(-);将可编程控制器的开关量输出端口0.0连接到控制信号区的"主泵自动J1"端口,将端口0.2连接到"加热器自动J3"端口,将端口1.0连接到"下主自动J9"端口;智能控制仪表调节器1的"控制输出"端口按极性连接到控制信号区的"调节阀"端口。

(6)设置智能控制仪参数。按照智能控制仪表使用说明中的设定方法,设置主管路流量给定值为0.1 m³/h,参照表5-1中的经验法整定参数设置PID参数初始值,设置参数ATU=1。

(7)进入操作界面。打开计算机,双击MCGS运行环境图标进入"过程控制教学实验系统"界面,再点击"过程控制教学实验系统",进入"实验系统选择"界面,通过菜单选择"单回路控制系统"→"温度自动控制系统",进入"单回路温度控制系统"的监控界面,界面与"单回路液位控制系统"的监控界面基本相同,主要区别在给定值的范围和单位,如图6-15所示。

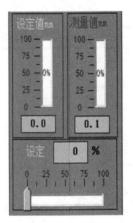

图6-15 温度自动控制系统参数设置界面

(8)选择控制方式。在"单回路温度控制系统"的监控界面中,工作方式选择自动和正作用,然后按顺序点击"下主电磁阀"、"主水泵"图标启动相关设备。

(9)智能控制仪表开始自动验算,自动验算(自整定)完毕时,A/M功能指示灯灭,根据实际情况手动修改自动验算(自整定)后的PID参数,并根据实际情况适当调整下水箱出口手动阀F1和主管路的旁路阀F4,使主管路流量稳定在给定值附近,且使得下水箱液位基本稳定。

(10)在"单回路温度控制系统"的监控界面中,点击"曲线界面"按钮图标激活曲线界面后返回监控界面,当下水箱液位超过100 mm时方可开始加热,将下水箱出水口温度给定值设为 30℃。

(11)参照表 5-1 中的经验法整定控制器参数的初始值,并根据比例、积分、微分对控制系统性能的影响,对 PID 参数进行适当调整,使温度稳定在给定值附近。

(12)当系统稳定以后,改变系统给定值或加入扰动查看系统的稳定性。

①突增(减)给定值的大小,使其产生一个正(负)阶跃变化。

②引入外界干扰:比如改变下水箱出口阀门的开度大小。

以上扰动均要求扰动量为控制量的 5% ~15%,扰动过大可能造成系统不稳定。加入扰动后,下水箱出口液体温度便离开原平衡状态,经过一段调节时间后,下水箱出水口温度稳定至新的给定值(或恢复到原有的稳定状态)。

(13)记录系统的阶跃响应曲线及给定值、扰动量和 PID 参数值。

6. 实验相关说明

(1)叠插式安全插线使用原则。红色插线用于端口正(+),蓝色插线用于端口负(一),绿色插线用于开关量控制端口。

(2)温度自动控制系统接线如表 6-4 所示。

表 6-4　温度自动控制系统接线表

测量或控制信号	使用 PLC 地址和端口
出水口温度	AIW0 左侧第一块 EM235 输入端口 A+和 A-
加热器	AQW0 左侧第一块 EM235 输出端口 IO 和 MO
主泵自动 J1	Q0.0 CPU224 OUTPUT 0.0
下主自动 J9	Q1.0 CPU224 OUTPUT 1.0
加热器自动 J3	Q0.2 CPU224 OUTPUT 0.2

7. 实验注意事项

(1)严禁将开关量或模拟量的输入端与输出端短接,以免因短路损坏设备。

(2)严禁关闭主、副管路旁路阀门,以免造成事故或损坏设备。

(3)实验过程中,不得随意改变下水箱出水口阀门和主管路旁路阀门的开度大小(加入扰动的情况除外)。

(4)加入的扰动量不宜太大,以免系统工作失控;但也不能过小,以防止对象特性失真。

(5)记录工作应持续到输出参数进入新的稳态过程为止。

(6)实验时务必确认加热水箱内的液位高于加热管高度时,方可开启加热管电源(一般情况下加热水箱内的液位高于 100 mm 即可)。

(7)实验过程中,严禁用手接触加热管或将手伸入加热水箱中。

8. 实验报告要求

(1)实验报告的内容应包括实验目的、实验设备、实验原理、实验内容、实验曲线等。

(2)用经验法确定控制器的工作参数,写出整定过程。

(3)分析 P、I、D 参数对控制系统性能的影响。

9. 思考题

(1)实验中,影响下水箱出口液体温度的主要干扰因素有哪些?

(2)在温度控制系统中,为什么要加入微分控制作用?

(3)循环水和静态水的温度控制,哪个控制系统更容易稳定?为什么?

(4)温度阶跃响应曲线和其他阶跃响应曲线(液位、流量、压力)相比,有什么特点?

第 7 章 复杂控制系统实验

复杂控制系统种类繁多,根据系统的结构和所承担的任务来说,常见的复杂控制系统分为两大类:①提高响应曲线性能指标的控制系统,如串级、前馈、纯滞后补偿等;②按某些特定要求而开发的系统,如比值、均匀、分程、选择等。过程控制中应用最广泛的复杂自动控制系统就是串级控制系统、比值控制系统和前馈-反馈控制系统。

1. 串级控制系统

串级控制系统是由主对象、主控制器、副对象、副控制器、主副变量测量变送器以及执行机构等基本环节组成的双闭环负反馈控制系统。

其主要特点是对进入副回路的扰动具有较迅速、较强的克服能力;可以改善对象特性、提高工作频率;可消除调节阀等非线性的影响;具有一定的自适应能力。适用于时间常数及纯滞后较大的控制对象,如加热炉的温度控制等。

2. 比值控制系统

本章实验采用的是单闭环比值控制系统,单闭环比值控制系统是由比值器、控制器、执行机构、控制对象和测量变送器等基本环节组成的单闭环负反馈控制系统。

其主要特点是不但能实现副流量能跟随主流量的变化而变化,而且还可以克服副流量本身干扰对比值的影响,因此主、副流量的比值较为精确。

3. 前馈-反馈控制系统

前馈-反馈控制系统主要由反馈控制调节器、执行机构、控制通道、被控量测量变送器、前馈控制器、扰动通道以及扰动信号测量变送器等基本环节组成。

其主要特点是将反馈控制不易克服的干扰进行前馈控制,而对其他干扰则进行反馈控制,既发挥了前馈校正及时的特点,又保持了反馈控制能克服多种干扰并对被控量始终给予检验的优点。

7.1 液位-流量串级控制实验

1. 实验目的

(1)熟悉串级控制系统的组成和基本特点。
(2)理解串级控制系统的工作原理。
(3)掌握串级控制系统控制器参数的整定方法。

2. 实验设备

(1)过程控制实验装置。
(2)万用表、叠插式安全连线若干。

3. 实验原理

图 7-1 为液位-流量串级控制系统工作流程图,本实验系统以下水箱的液位为系统的

主变量,主管路流量为副变量,实验要求下水箱的液位稳定在给定值附近。该系统由主、副两个控制回路组成:2个控制器、2个闭合回路和1个执行机构,2个控制器分别设置在主、副回路中,位于主回路的控制器称为主控制器,位于副回路的控制器称为副控制器。液位变送器的主参数测量信号反馈到主控制器,主控制器的输出作为副控制器的给定值,副控制器根据流量变送器的测量反馈信号与来自主控制器的给定值之间的偏差大小和方向,经PID运算产生控制信号,并送到电动调节阀,以控制其开度,进而调节下水箱进水流量,最终达到控制下水箱液位的目的。液位-流量串级控制系统方框图如图7-2所示。

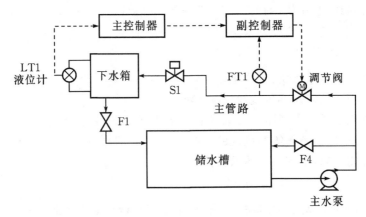

图7-1 液位-流量串级控制系统工作流程图

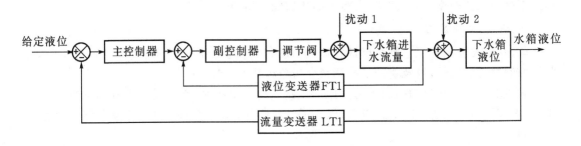

图7-2 液位-流量串级控制系统方框图

4.实验内容

此实验以下水箱液位为被控量,主管路流量为操纵变量,先整定副回路流量系统,副回路控制器工作参数确定之后,再将整个系统连接起来,整定主回路控制器参数,具体方法与单回路控制系统相同。参数整定工作完成后,即可投入运行,设定给定液位值,并在系统稳定后加入扰动。绘制阶跃给定信号作用下的响应曲线,观察、研究串级控制系统的动态特性。按要求完成实验报告的编写。

5.实验步骤

(1)准备红色、蓝色和绿色叠插式安全插线若干,接通实验装置的总电源。

(2)将下水箱出口手动阀F1开至适当开度,建立系统循环回路;将主管路的旁路阀F4开至适当开度,保证水泵的安全运行,阀门编号如图7-1所示。

（3）控制器接通电源。将"24V DC"电源接到可编程控制器的开关量输入（CPU224 IN-PUT）、输出（CPU224 OUTPUT）端口的 L 和 M，L 接正（＋），M 接负（－）；将"24V DC"电源接到可编程控制器右侧第一个模拟量扩展模块 EM235 的 L＋和 M，L＋接正（＋），M 接负（－）。

（4）测量信号接入控制器。将测量信号区的"下水箱液位"中的"mA/V 输出"信号，按极性连接到可编程控制器右侧第一个模拟量扩展模块 EM235 输入端口 A＋和 A－，并将 RA 与 A＋短路（电流输入信号接法）；将"主管路流量"中的"mA/V 输出"信号，按极性连接到可编程控制器右侧第一个模拟量扩展模块 EM235 输入端口 B＋和 B－，并将 RB 与 B＋短路；将 C＋与 C－短路。操作面板详见图 6－5 所示。

（5）控制信号接入执行机构。将可编程控制器右侧第一个模拟量扩展模块 EM235 输出端口按极性连接到控制信号区的"调节阀"端口，IO 接"调节阀"端口正（＋），MO 接"调节阀"端口负（－）；将可编程控制器的开关量输出端口 0.0 连接到控制信号区的"主泵自动 J1"端口，将端口 1.0 连接到"下主自动 J9"端口。

（6）进入操作界面。打开计算机，双击 MCGS 运行环境图标进入"过程控制教学实验系统"界面，再点击"过程控制教学实验系统"，进入"实验系统选择"界面，选择"串级回路控制系统"→"液位-流量自动控制系统"，进入"液位-流量串级控制系统"的监控界面，如图 7－3 所示。

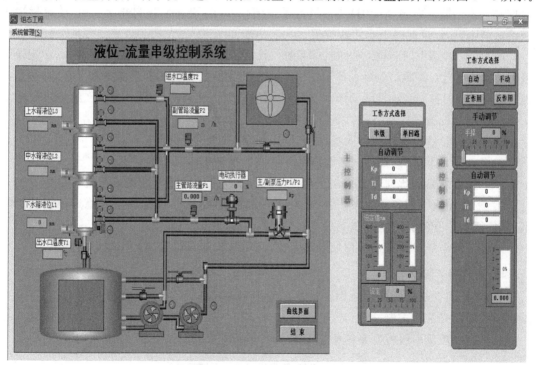

图 7－3　液位-流量串级控制系统主控制器参数整定与监控界面

（7）选择控制方式并给定控制目标值。在"液位-流量串级控制系统"的监控界面中，首先点击"单回路"按钮，进入副回路控制参数设置输入，如图 7－4 所示。工作方式选择自动和正作用，然后按顺序点击"下主电磁阀"、"主水泵"图标启动相关设备，再点击"曲线界面"按钮图标激活曲线界面后返回监控界面，流量给定值设为 0.6 m³/h 左右。

图 7-4 液位-流量串级控制系统副控制器参数设置输入

(8)参照表 5-1 中的经验法整定副控制器 PID 参数的初始值,并根据比例、积分、微分对控制系统性能的影响,对 PID 参数进行适当调整,同时调节旁路阀开度大小,使流量稳定在给定值附近,记录此时下水箱液位值。

(9)点击"串级"按钮,进入串级控制系统。设置主回路给定值(此值应与步骤(8)中记录的液位值大小相近),参照第 5 章表 5-1 中的经验法整定主控制器 PID 参数的初始值,并根据比例、积分、微分对控制系统性能的影响,对 PID 参数进行适当调整,使液位稳定在给定值附近。

(10)当系统稳定以后,通过以下两种方式加入扰动。

①突增(减)液位给定值的大小,使其产生一个正(负)阶跃变化。

②引入外界干扰:比如改变旁路阀的开度或下水箱出口阀门的开度。

以上扰动均要求扰动量为控制量的 5% ～15%,扰动过大可能造成系统不稳定。加入扰动后,下水箱液位便离开原平衡状态,经过一段调节时间后,下水箱液位稳定至新的给定值(或恢复到原有的稳定状态)。

(11)记录系统的阶跃响应曲线及给定值、扰动量和主、副控制器 PID 参数值。

6. 实验相关说明

(1)叠插式安全插线使用原则。红色插线用于端口正(＋),蓝色插线用于端口负(一),绿色插线用于开关量控制端口。

(2)液位-流量串级控制系统接线如表 7-1 所示。

表 7-1 液位-流量串级控制系统接线表

测量或控制信号	使用 PLC 地址和端口
下水箱液位	AIW0 左侧第一块 EM235 输入端口 A＋和 A－
主管路流量	AIW2 左侧第一块 EM235 输入端口 B＋和 B－
调节阀	AQW0 左侧第一块 EM235 输出端口 IO 和 MO
主泵自动 J1	Q0.0 CPU224 OUTPUT 0.0
下主自动 J9	Q1.0 CPU224 OUTPUT 1.0

7. 实验注意事项

(1)严禁将开关量或模拟量的输入端与输出端短接,以免因短路损坏设备。

(2)严禁关闭主、副管路旁路阀门,以免造成事故或损坏设备。

(3)加入的扰动量不宜太大,以免系统工作失控;但也不能过小,以防止对象特性失真。

(4)记录工作应持续到输出参数进入新的稳态过程为止。

(5)应严格按照实验步骤进行实验,请勿随意按压操控台上的按钮开关。

(6)实验时应关闭主、副管路之间的阀门。

8. 实验报告要求

(1)实验报告的内容应包括实验目的、实验设备、实验原理、实验内容、实验曲线等。

(2)简述液位-流量串级控制系统 PID 参数整定的基本过程。

(3)分析主、副控制器 P、I、D 参数对串级控制系统性能的影响。

9. 思考题

(1)试分析液位-流量串级控制系统和单回路液位控制系统的区别及优、缺点。

(2)当扰动分别作用于主、副对象时,其对被控量的影响有何不同?

7.2　流量比值控制实验

1. 实验目的

(1)熟悉比值控制系统的组成和基本特点。

(2)理解比值控制系统的工作原理。

(3)掌握比值控制系统控制器参数的整定方法。

2. 实验设备

(1)过程控制实验装置。

(2)万用表、叠插式安全连线若干。

3. 实验原理

图 7-5 为流量比值控制系统工作流程图,图 7-6 为流量比值控制系统方框图。从两图可以看出,下水箱由两条独立的路径供水,一路为流经副管路并经上水箱、中水箱进入下水箱的主流量 Q_1,另一路为流经主管路进入下水箱的副流量 Q_2。要求副流量 Q_2 随着主流量 Q_1 的变化而变化,而且两者之间保持一定的比例关系,即 $Q_2 / Q_1 = K$。

副流量 Q_2(主管路流量)是随动变化参数,主流量 Q_1(副管路流量)是随机变化参数。主流量 Q_1 的测量信号由副管路流量变送器送到比值器,比值器按预先设置好的比例系数 K 使其输出成比例变化,并作为副流量控制器的给定值,所以副流量 Q_2 能按一定的比例随主流量 Q_1 变化。当 Q_1 不变而 Q_2 受到扰动时,则可通过 Q_2 的闭环回路进行定值控制,使 Q_2 保持在给定值附近。当 Q_1 变化时,改变了 Q_2 的给定值,使 Q_2 跟随 Q_1 变化,从而保证原来设置的比值不变。

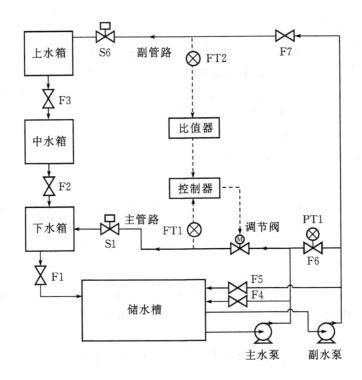

图 7-5　流量比值控制系统工作流程图

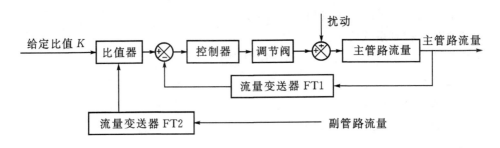

图 7-6　流量比值控制系统方框图

4. 实验内容

此实验以主管路流量为被控量,通过设置比例系数 K,使得副流量 Q_2(主管路流量)与主流量 Q_1(副管路流量)的比值为 K。系统投运并稳定后,在一定范围内改变主流量 Q_1,测试副流量 Q_2 能否迅速跟上,并能保持预先设定的比例关系;然后,对副流量 Q_2 加入外部扰动,观察其抗扰动能力。绘制出实验过程的主、副流量变化曲线。按要求完成实验报告的编写。

5. 实验步骤

(1)准备红色、蓝色和绿色叠插式安全插线若干,接通实验装置的总电源。

(2)将手动阀 F1、F2、F3 打开至最大开度,建立系统循环回路;将旁路阀 F4、F5 打开至适当开度,保证水泵的安全运行,阀门编号见图 7-5 所示。

(3)控制器接通电源。将"24V DC"电源接到可编程控制器的开关量输入(CPU224 IN-

PUT)、输出(CPU224 OUTPUT)端口的 L 和 M，L 接正(＋)，M 接负(－)；将"24V DC"电源接到可编程控制器右侧第一个模拟量扩展模块 EM235 的 L＋和 M，L＋接正(＋)，M 接负(－)。操作面板详见图 6－5 所示。

(4)测量信号接入控制器。将测量信号区的"主管路流量"中的"mA/V 输出"信号，按极性连接到可编程控制器右侧第一个模拟量扩展模块 EM235 输入端口 A＋和 A－，并将 RA 与 A＋短路(电流输入信号接法)；将"副管路流量"中的"mA/V 输出"信号，按极性连接到可编程控制器右侧第一个模拟量扩展模块 EM235 输入端口 B＋和 B－，并将 RB 与 B＋短路；C＋与 C－短路。操作面板详见图 6－5 所示。

(5)控制信号接入执行机构。将可编程控制器右侧第一个模拟量扩展模块 EM235 输出端口按极性连接到控制信号区的"调节阀"端口，IO 接"调节阀"端口正(＋)，MO 接"调节阀"端口负(－)；将可编程控制器的开关量输出端口 0.0 连接到控制信号区的"主泵自动 J1"端口，将端口 0.1 连接到"副泵自动 J2"端口，将端口 0.5 连接到"上副自动 J6"端口，将端口 1.0 连接到"下主自动 J9"端口。

(6)进入操作界面。打开计算机，双击 MCGS 运行环境图标进入"过程控制教学实验系统"界面，再点击"过程控制教学实验系统"，进入"实验系统选择"界面，选择"比值控制系统"→"流量比值控制系统"，进入"流量比值控制系统"的监控界面，界面与"单回路液位控制系统"的监控界面基本相同。

(7)选择控制方式和相关参数。在"流量比值控制系统"的监控界面中，工作方式选择自动和反作用，点击"上副电磁阀"、"副水泵"图标启动相关设备，将操作台上变频器右侧的 DIN1 与 24 V＋电源连接起来，旋转电位器改变副水泵的转速从而调节副管路的流量，使其稳定在 0～0.5 m³/h 之间的某个值，然后按顺序点击"下主电磁阀"、"主水泵"图标启动相关设备，再点击"曲线界面"按钮图标激活曲线界面后返回监控界面，设置比例系数(取 1～3 之间的数值)。

(8)参照第 5 章表 5－1 中的经验法整定 PID 控制器参数的初始值，并根据比例、积分、微分对控制系统性能的影响，对 PID 参数进行适当调整，使主管路流量与副管路流量的比值为设定的比例系数。

(9)当系统稳定以后，改变主流量 Q_1(副管路流量)，观察副流量 Q_2(主管路流量)能否按照比例关系进行变化；对副流量 Q_2(主管路流量)加入扰动，观察其曲线变化情况。扰动不宜过大，过大可能造成系统不稳定。

(10)改变比例系数，观察流量的变化。

(11)记录系统的变化曲线，并记录比例系数、扰动量和 PID 参数值。

6. 实验相关说明

(1)叠插式安全插线使用原则。红色插线用于端口正(＋)，蓝色插线用于端口负(－)，绿色插线用于开关量控制端口。

(2)鉴于实验装置性能所限，建议将主流量 Q_1(副管路流量)控制在 0～0.5 m³/h 之间，将副流量 Q_2(主管路流量)控制在 0～1.0 m³/h 之间，比例系数 K 的范围应取 1～3 之间。

(3)流量比值控制系统接线如表 7－2 所示。

表 7 - 2　流量比值控制系统接线表

测量或控制信号	PLC 地址和端口
主管路流量	AIW0 左侧第一个块 EM235 输入端口 A＋和 A－
副管路流量	AIW2 左侧第一块 EM235 输入端口 B＋和 B－
调节阀	AQW0 左侧第一块 EM235 输出端口 IO 和 MO
主泵自动 J1	Q0.0 CPU224 OUTPUT 0.0
副泵自动 J2	Q0.1 CPU224 OUTPUT 0.1
上副自动 J6	Q0.5 CPU224 OUTPUT 0.5
下主自动 J9	Q1.0 CPU224 OUTPUT 1.0

7. 实验注意事项

(1)严禁将开关量或模拟量的输入端与输出端短接,以免因短路损坏设备。

(2)严禁关闭主、副管路旁路阀门,以免造成事故或损坏设备。

(3)旁路阀的开度对流量比值控制影响较大,实验时应根据实际情况进行调整。

(4)加入的扰动量不宜太大,以免系统工作失控;但也不能过小,以防止对象特性失真。

(5)记录工作应持续到输出参数进入新的稳态过程为止。

(6)应严格按照实验步骤进行实验,请勿随意按压操控台上的控制按钮。

(7)在本实验中,主流量 Q_1 是副管路流量,副流量 Q_2 是主管路流量,注意不要混淆。

8. 实验报告要求

(1)实验报告的内容应包括实验目的、实验设备、实验原理、实验内容、实验曲线等。

(2)简述流量比值控制系统 PID 参数整定的基本过程。

9. 思考题

(1)比值控制系统的实施方案有哪几种? 试绘制出各种方案的方框图。

(2)简述单闭环比值控制系统的优、缺点。

(3)试分析当主流量 Q_1(副管路流量)较大时,比值控制系统出现什么响应?

7.3　温度-流量前馈-反馈控制实验

1. 实验目的

(1)熟悉前馈-反馈控制系统的组成和基本特点。

(2)理解前馈-反馈控制系统的工作原理。

(3)掌握前馈-反馈控制系统控制器参数的整定方法。

2. 实验设备

(1)过程控制实验装置。

(2)万用表、叠插式安全连线若干。

3. 实验原理

图 7 - 7 为温度-流量前馈-反馈控制系统工作流程图,图 7 - 8 为温度-流量前馈-反馈控

制系统方框图。实验采用主管路中的各设备,由于主管路中没有散热器,为了防止储水槽内的水散热不及时影响扰动作用,所以主水泵出来的水先经过上水箱和中水箱进一步散热,然后再进入下水箱。本实验的被控量为下水箱出口水温,扰动量为主管路流量,实验要求下水箱出口水温稳定在给定值附近。热电阻温度传感器 TT1 检测到的下水箱出口水温信号作为反馈信号送入可编程控制器,与给定值比较后得到偏差信号并对偏差信号进行 PID 运算,其输出控制信号与前馈补偿器的输出信号相加后送入可控硅调功器,控制加热器的加热功率,从而达到控制下水箱出口水温 T 的目的。

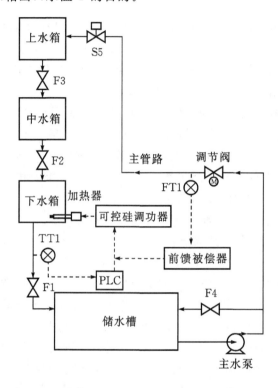

图 7-7　温度-流量前馈-反馈控制系统工作流程图

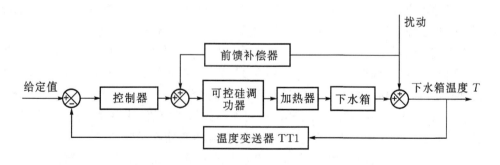

图 7-8　温度-流量前馈-反馈控制系统方框图

4. 实验内容

此实验以下水箱出口水温为被控量,加热器功率为操纵变量,干扰量为主管路流量,下水箱出口水温初始给定值为某一温度（比室温高 1~2℃），通过系统投运及整定使其稳定，然后加入扰动量（即改变主管路的流量）。最后绘制阶跃给定量作用下的响应曲线，并研究该系统的动态特性。按要求完成实验报告的编写。

5. 实验步骤

（1）准备红色、蓝色和绿色叠插式安全插线若干，接通实验装置的总电源。

（2）将手动阀 F2、F3、F4 开至最大开度，手动阀 F1 开至较小开度，阀门编号如图 7-7 所示。

（3）控制器接通电源。将"24V DC"电源接到可编程控制器的开关量输入（CPU224 IN-PUT）、输出（CPU224 OUTPUT）端口的 L 和 M，L 接正（＋），M 接负（－）；将"24V DC"电源接到可编程控制器右侧第一个和第二个模拟量扩展模块 EM235 的 L＋和 M，L＋接正（＋），M 接负（－）。操作面板详见图 6-5 所示。

（4）测量信号接入控制器。将测量信号区的"出水口温度"中的"mA/V 输出"信号，按极性连接到可编程控制器右侧第一个模拟量扩展模块 EM235 输入端口 A＋和 A－，并将 RA 与 A＋短路（电流输入信号接法）；将"主管路流量"中的"mA/V 输出"信号，按极性连接到可编程控制器右侧第一个模拟量扩展模块 EM235 输入端口 B＋和 B－，并将 RB 与 B＋短路；将 C＋与 C－短路。操作面板详见图 6-5 所示。

（5）控制信号接入执行机构。将可编程控制器右侧第一个模拟量扩展模块 EM235 输出端口按极性连接到控制信号区的"加热器"端口，IO 接"加热器"端口正（＋），MO 接"加热器"端口负（－）；将可编程控制器右侧第二个模拟量扩展模块 EM235 输出端口按极性连接到控制信号区的"调节阀"端口，IO 接"调节阀"端口正（＋），MO 接"调节阀"端口负（－）；将可编程控制器的开关量输出端口 0.0 连接到控制信号区的"主泵自动 J1"端口，将端口 0.2 连接到"加热器自动 J3"端口，将端口 0.4 连接到"上主自动 J5"端口。

（6）进入操作界面。打开计算机，双击 MCGS 运行环境图标进入"过程控制教学实验系统"界面，再点击"过程控制教学实验系统"，进入"实验系统选择"界面，选择"前馈反馈控制系统"→"温度-流量前馈-反馈控制系统"，进入"温度-流量前馈-反馈控制系统"的监控界面，界面与"单回路温度控制系统"的监控界面相同。

（7）选择控制方式。在"温度-流量前馈-反馈控制系统"的监控界面中，工作方式选择自动和正作用，然后按顺序点击"上主电磁阀"、"主水泵"图标启动相关设备。

（8）根据实际情况适当调整下水箱出口手动阀 F1，使下水箱液位基本稳定，将下水箱出口水温给定值设为某一温度（比室温高 1~2℃），当下水箱液位超过 100 mm 时方可开始加热，点击"曲线界面"按钮图标激活曲线界面后返回监控界面。

（9）参照表 5-1 中的经验法整定 PID 控制器参数的初始值，并根据比例、积分、微分对控制系统性能的影响，对 PID 参数进行适当调整，使温度稳定在给定值附近。

（10）当系统稳定以后加入扰动，即改变主管路的流量（可通过改变主管路旁路阀 F4 的开度大小完成）。

扰动均要求扰动量为控制量的 5%~15%，扰动过大可能造成系统不稳定。加入扰动后，下水箱出水口温度便离开原平衡状态，经过一段调节时间后应恢复到原有的稳定状态。

（11）记录系统的阶跃响应曲线及给定值、扰动量和 PID 参数值。

6. 实验相关说明

(1)叠插式安全插线使用原则。红色插线用于端口正(＋),蓝色插线用于端口负(－),绿色插线用于开关量控制端口。

(2)温度-流量前馈-反馈控制系统接线如表7-3所示。

表7-3 温度-流量前馈-反馈控制系统接线表

测量或控制信号	使用 PLC 地址和端口
出水口温度	AIW0 左侧第一块 EM235 输入端口 A＋和 A－
主管路流量	AIW2 左侧第一块 EM235 输入端口 B＋和 B－
加热器	AQW0 左侧第一块 EM235 输出端口 IO 和 MO
调节阀	AQW2 左侧第二块 EM235 输出端口 IO 和 MO
主泵自动 J1	Q0.0 CPU224 OUTPUT 0.0
上主自动 J5	Q0.4 CPU224 OUTPUT 0.4
加热器自动 J3	Q0.2 CPU224 OUTPUT 0.2

7. 实验注意事项

(1)严禁将开关量或模拟量的输入端与输出端短接,以免因短路损坏设备。

(2)严禁关闭主、副管路旁路阀门,以免造成事故或损坏设备。

(3)加入的扰动量不宜太大,以免系统工作失控;但也不能过小,以防止对象特性失真。

(4)记录工作应持续到输出参数进入新的稳态过程为止。

(5)应严格按照实验步骤进行实验,请勿随意按压操控台上的按钮开关。

(6)实验过程中务必确保下水箱液位高于加热管的顶部(高于100 mm)。

(7)实验过程中,切勿用手接触加热管或将手伸入加热水箱中,以免烫伤。

8. 实验报告要求

(1)实验报告的内容应包括实验目的、实验设备、实验原理、实验内容、实验曲线等。

(2)简述温度-流量前馈-反馈控制系统 PID 参数整定的基本过程。

(3)分析 P、I、D 参数对控制系统性能的影响。

9. 思考题

(1)分析前馈-反馈控制与串级控制的区别及优、缺点。

(2)加入前馈补偿后,反馈控制部分是否还具有抗扰动的能力?

(3)若去除反馈控制作用,前馈控制能否实现完全补偿?

(4)比较该实验曲线与单回路温度控制系统实验曲线有什么异同?

第8章 过程控制综合性实验

过程控制综合性实验是在掌握自动控制原理基础知识的前提下,通过过程控制实验装置,进一步学习在现代工业自动化条件下,如何完成某些具有典型结构和特定功能的物理控制系统。以期拓宽实验者的知识面,了解现代工业控制领域中常用设备和软件的应用技术,为未来从事工业自动化领域的工作奠定良好的基础。

过程控制综合性实验涉及测量技术、自动控制技术、通信技术等多领域的知识,一套完整的自动控制系统的硬件组成及相关信号流向如图 8-1 所示。本实验装置中的控制器为 S7-200PLC 控制器,S7-200 控制程序的开发又称为下位机编程;实验装置中数据的显示及相关参数的设置在 PC 机(个人计算机)相应的监控系统软件中进行,针对实验装置监控系统软件的开发又称为上位机编程。

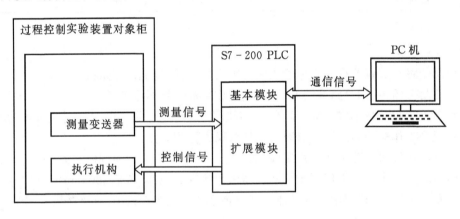

图 8-1　自动控制系统硬件组成设备

8.1　S7-200PLC 基础知识

8.1.1　可编程控制器概述

可编程控制器,英文称 Programmable Logical Controller,简称 PLC。它是在传统的继电器控制技术基础上,综合了计算机技术、半导体集成技术、自动控制技术、数字技术和通信网络技术而发展起来的新型控制器,专为在工业现场应用而设计。它采用可编程序的存储器,用以在其内部存储执行逻辑运算、顺序控制、定时/计数和算术运算等操作指令,并通过数字式或模拟式的输入、输出接口,控制各种类型的机械或生产过程。PLC 在工业生产中已获得极其广泛的应用,它与 CAD/CAM 技术和机器人技术并称为现代工业自动化的三大支柱。PLC 的程序编制不需要专门的计算机编程语言知识,而是采用了一套以继电器梯形图为基础的简单指令形式,使用户程序编制形象、直观、方便易学,调试与查错也都很方便。另外,用户只需做少量的接线和简易的用户程序的编制工作,就可灵活方便地将 PLC 应用于生产实践。

1. S7 - 200PLC 的特点

S7 - 200PLC 是西门子公司 S7 系列 PLC 的重要产品,凭借其强大的运算处理能力、灵活的通信扩展能力、强大的控制能力和可靠的稳定性,已成为全球市场占有率最高的 PLC 产品。S7 - 200PLC 系统采用模块化设计,属紧凑型可编程控制器。S7 - 200PLC 既可独立控制简单的系统,又可连成网络控制复杂的系统,其应用领域极为广泛,覆盖所有与自动检测、自动化控制有关的工业及民用领域。S7 - 200PLC 主要特点如下:

(1)采用整体式固定 I/O 型与基本单元加扩展的结构,结构紧凑,安装简单;

(2)带有 RS - 485 串行通信接口,可以支持 PPI(点到点通信)、MPI(多点通信)、自由口通信(无协议通信)和 PROFIBUS 现场总线通信;

(3)编程软件易学好用,能使用户快速掌握使用方法。

2. S7 - 200PLC 的硬件组成

S7 - 200PLC 主要由 CPU、存储器、输入/输出接口、通信接口和电源等部分组成,如图8 - 2所示。

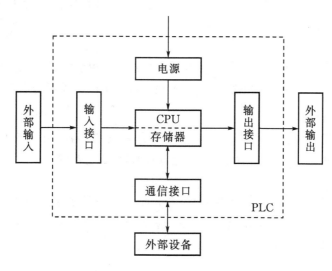

图 8 - 2 S7 - 200PLC 硬件组成

1)CPU

CPU 又叫中央处理单元,它用于运行用户程序、监控输入/输出接口状态、进行逻辑判断和数据处理,即读取输入变量、完成用户指令规定的各种操作,将结果送到输出端,并响应外部设备(如编程器、电脑、打印机等)的请求以及进行各种内部判断等。

CPU 是 S7 - 200PLC 的核心部件,是 S7 - 200PLC 的运算和控制中心,S7 - 200PLC 的工作过程都是在 CPU 的统一指挥和协调下进行的。CPU 的工作采用"循环扫描"方式,进行输入采样、执行用户程序、通信处理、内部诊断、输出刷新五方面的处理。

2)存储器

存储器是 S7-200PLC 存放系统程序、用户程序和运行数据的单元。存储器由系统程序存储器和用户程序存储器两部分组成。系统程序存储器是 S7-200PLC 用于存放系统程序（如指令）等内容的部件，这部分存储器用户不能访问。用户程序存储器是为用户程序提供存储的区域，主要存放用户编制的应用程序及各种暂存数据和中间结果，用户程序存储器容量的大小，决定了用户程序的大小和复杂程度。

3)输入/输出接口

输入/输出接口是联系外部现场和 CPU 的桥梁。输入接口的作用是把现场的按钮、各种开关或传感器信号转变成 S7-200PLC 内部可处理的标准信号。输入信号有两类：一类是从按钮、选择开关、限位开关、光电开关、压力继电器等来的开关量输入信号；另一类是由电位器、热电偶、测速发电机、各种变送器提供的连续变化的模拟输入信号。输出接口的作用是将 S7-200PLC 内部的标准信号转换为外部现场执行机构所需要的开关量或模拟量信号。S7-200PLC 通过输出接口控制接触器、电磁阀、电磁铁、调节阀、调速装置等执行机构。

4)通信接口

通信接口的主要作用是实现 S7-200PLC 与外部设备之间的数据交换（通信）。通过通信接口，S7-200PLC 可以与编程器、人机界面、显示器等连接，以实现 S7-200PLC 的数据输入/输出；也可以与上位计算机、其他 PLC、远程 I/O 等进行连接，构成局域网、分布式控制系统或综合管理系统。

5)电源

S7-200PLC 的电源是指把外部供应的交流电源经过整流、滤波、稳压处理后，转换成能满足 PLC 内部的 CPU、存储器和输入/输出模块等电路工作所需要的电源。

3. S7-200PLC 的软件组成

S7-200PLC 除了硬件结构外，还需要软件系统的支撑，两者缺一不可。软件系统由系统程序（又称系统软件）和应用程序（又称应用软件）两大部分组成。

1)系统程序

系统程序由生产厂家设计，由管理程序、用户指令解释程序、编辑程序、功能子程序及调用管理程序组成。它和 S7-200PLC 硬件系统相结合，完成系统诊断、命令解释、功能子程序的调用管理、逻辑运算、通信及各种参数设定等功能。

2)应用程序

S7-200PLC 的应用程序是用户利用厂家提供的编程语言，根据工业现场的控制目的来编制的程序，也常称为"用户程序"。它存储在 S7-200PLC 的用户存储器中，用户可以根据系统的不同控制要求，对原有的应用程序进行改写或删除。应用程序包括开关量逻辑控制程序、模拟量运算程序和闭环控制程序等。

应用程序采用的编程语言取决于 PLC 的具体型号、生产厂家以及所使用的编程工具。梯形图是目前最为常用的编程语言，其程序通俗易懂，编程直观方便。此外，指令表、功能块图、流程图以及其他高级语言也可以在不同的场合使用。

4. S7-200PLC 的工作原理

S7-200PLC 的工作原理可简单地表述为在系统程序的管理下，通过运行应用程序，对控制要求进行处理判断,并通过执行用户程序来实现控制任务。

S7 - 200PLC 的主要工作过程一般分为五个阶段:内部诊断、通信处理、输入采样、程序执行、输出刷新,如图 8 - 3 所示。完成上述五个阶段称作一个扫描周期,完成一个扫描周期后又重新执行上述过程,扫描过程周而复始地进行。

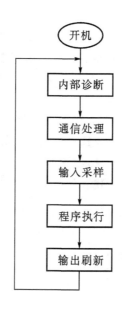

图 8 - 3　S7 - 200PLC 主要工作过程

1)内部诊断阶段

在内部诊断阶段,CPU 监测主机硬件、用户程序存储器、I/O 模块的状态并清除 I/O 映像区的内容等,即 S7 - 200PLC 进行各种错误检测(自诊断功能),若自诊断正常则继续向下扫描。

2)通信处理阶段

在通信处理阶段,CPU 自动监测并处理通信端口所接收到的请求,即检查是否有编程器、计算机或上位 PLC 等通信请求,若有,则进行相应处理,完成数据通信任务。

3)输入采样阶段

在输入采样阶段,S7 - 200PLC 首先扫描所有的输入端子,按顺序将所有的输入端的输入信号状态读入输入映像寄存区。这个过程称为对输入信号的采样,或称输入刷新阶段。完成输入端刷新工作后,将关闭输入端口,转入下一步工作过程,即程序执行阶段。在程序执行期间,即使输入端状态发生变化,输入状态寄存器的内容也不会发生改变,而这些变化必须等到下一个工作周期的输入刷新阶段才能被读入。

4)程序执行阶段

在程序执行阶段,S7 - 200PLC 根据用户编制的控制程序,从第一条指令开始逐条执行,并将运算结果存入相应的内部辅助寄存器和输出状态寄存器,当最后一条指令执行完毕后,即转入输出刷新阶段。

5)输出刷新阶段

当程序中所有指令执行完毕后,S7-200PLC将输出状态寄存器中所有输出继电器的状态,依次送到输出锁存电路,并通过一定输出方式输出,驱动外部负载,这就形成了S7-200PLC的实际输出。

5. S7-200PLC编程基础

1)编程语言

通常 S7-200PLC 不采用传统的计算机编程语言,而采用面向控制过程、面向问题的"自然语言"编程。S7-200PLC 的编程语言主要有梯形图、语句表、顺序功能图、功能块图和结构文本等,其中以梯形图最为常用,这里主要介绍梯形图,有关其他四种编程语言的介绍,读者可阅读相关书籍。

梯形图是一种沿用了继电器的触点、线圈、连线等图形与符号的图形编程语言,它在S7-200PLC编程中最为常用。梯形图的基本结构形式如图 8-4 所示,梯形图由触点、线圈和指令盒等组成,触点代表逻辑输入条件,线圈通常代表逻辑输出结果和输出标志位。在梯形图程序与动态检测中,触点和线圈所代表的意义如表 8-1 所示。

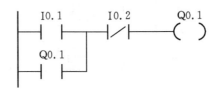

图 8-4　梯形图基本结构形式

表 8-1　触点与线圈代表的意义

符号	代表的意义	常用的地址
┤├	常开触点,存储单元为"0"时,断开;存储单元为"1"时,接通	I、Q、M、T、C
┤/├	常闭触点,存储单元为"0"时,接通;存储单元为"1"时,断开	I、Q、M、T、C
─( )─	继电器线圈,存储单元为"0"时,断开;存储单元为"1"时,接通	Q、M

图 8-4 中,当 I0.1 与 I0.2 的触点接通,或 Q0.1 与 I0.2 接通时,线圈 Q0.1 就会通电。梯形图两侧的垂直公共线称为母线,通常母线有左右两条,左侧的母线必须画出,但右侧母线可以省略不画。梯形图中的某些编程元件沿用了继电器这一名称,但它们不是真实的物理继电器,而是一些存储单元(或存储"位",称为软继电器),每个软继电器的触点与 PLC 存储器中映像寄存器的一个存储单元相对应,所以把这些触点称为软触点。软触点的"1"或"0"状态代表着相应继电器触点或线圈的接通或断开。

2)数据区分配

S7-200PLC 的存储器区大致分为三个区,即程序区、系统区和数据区。程序区用于存放用户应用程序,系统区用于存放有关 PLC 配置结构的参数,数据区主要用于存放工作数据和作为寄存器使用。

数据区包括输入映像寄存器区(I)、输出映像寄存器区(Q)、变量存储器区(V)、局部存储器区(L)、内部标志位存储器区(M)、特殊标志位存储器区(SM)、顺序控制继电器存储器区(S)、模拟量输入映像寄存器区(AI)、模拟量输出映像寄存器区(AQ)、定时器寄存器区(T)、计数器存储器区(C)和累加器区(AC)等。以下主要介绍本章实验中常用的数据区存储器区域。

(1)输入映像寄存器区(I)。PLC 的输入端子是从外部接收输入信号(数字量)的窗口,每一个输入端子与输入映像寄存器的相应位对应。在每个扫描周期开始,PLC 依次对各个输入点采样,并把采样结果送到输入映像寄存器中。PLC 在执行用户程序过程中,不再理会输入点的状态,它所处理的数据为输入映像寄存器中的值。

输入映像寄存器区的数据可以是位、字节、字或者双字。其地址格式如下:

位地址格式:I[字节地址].[位地址],如 I0.1;

字节、字、双字地址格式:I[数据长度][起始字节地址],如 IB4、IW6、ID8。

(2)输出映像寄存器区(Q)。PLC 的输出端子是 PLC 向外部负载发出控制命令的窗口,每一个输出端子与输出映像寄存器的相应位对应。PLC 在执行用户程序的过程中,并不把输出信号随时送到输出点,而是存放在输出映像寄存器区中,只有到了每个扫描周期的末尾,才以批处理方式将输出映像寄存器的数值复制到相应的输出端子上,通过输出模块将输出信号传送给外部负载。

输出映像寄存器区的数据可以是位、字节、字或者双字。其地址格式如下:

位地址格式:Q[字节地址].[位地址],如 Q1.1;

字节、字、双字地址格式:Q[数据长度][起始字节地址],如 QB5、QW8、QD12。

(3)变量存储器区(V)。变量存储器区存放全局变量、程序执行过程中控制逻辑操作的中间结果或其他相关的数据。变量存储器区的数据可以是位、字节、字或者双字。其地址格式如下:

位地址格式:V[字节地址].[位地址],如 V10.2;

字节、字、双字地址格式:V[数据长度][起始字节地址],如 VB20、VW100、VD320。

(4)内部标志位存储器区(M)。内部标志位存储器也称内部继电器,用于寄存 PLC 程序中间运算结果。内部标志位存储器以位为单位使用,也可以字节、字、双字为单位使用。其地址格式如下:

位地址格式:M[字节地址].[位地址],如 M26.7;

字节、字、双字地址格式:M[数据长度][起始字节地址],如 MB11、MW24、MD28。

(5)模拟量输入映像寄存器区(AI)。模拟量输入映像寄存器区是为模拟量输入端信号开辟的一个存储区,实现模拟量的 A/D 转换。模拟量输入模块将外部输入模拟信号的模拟量(如温度、压力)转换成 1 个字长的数字量,存放在模拟量输入映像寄存器中,供 CPU 运算处理。模拟量输入映像寄存器的地址格式如下:

地址格式:AIW[起始字节地址],如 AIW4。

模拟量输入映像寄存器的地址必须用偶数字节地址(如 AIW0、AIW2、AIW4)来表示。

(6)模拟量输出映像寄存器区(AQ)。模拟量输出映像寄存器区是为模拟量输出端信号开辟的一个存储区,实现模拟量的 D/A 转换。CPU 运算的相关结果存放在模拟量输出映像寄存器中,供 D/A 转换器将 1 个字长的数字量转换为模拟量(电流或电压),以驱动外部模拟量控制的设备。模拟量输出映像寄存器的地址格式如下:

地址格式:AQW[起始字节地址],如 AQW10。

模拟量输出映像寄存器的地址必须用偶数字节地址(如 AQW0、AQW2、AQW4)来表示。

(7)定时器存储器区(T)。定时器是模拟继电器-接触器控制系统中的时间继电器,实现 PLC 计时功能。S7-200PLC 定时器的时间基准有 3 种:1 ms、10 ms 和 100 ms。通常定时器的设定值由程序赋予,需要时也可在外部设定。

定时器存储器的地址格式:T[定时器号],如 T24。

(8)计数器存储器区(C)。计数器存储器区是为实现 PLC 计数功能开辟的一个存储区,计数器累计计数输入端脉冲电平由低到高的次数。通常计数器的设定值由程序赋予,需要时也可在外部设定。

计数器存储器的地址格式:C[计数器号],如 C3。

3)用户程序结构及指令系统

S7-200PLC 的用户程序分为主程序、子程序和中断程序三种。

主程序是用户程序的主体,在一个项目中只能有一个主程序,CPU 在每个扫描周期都要执行一次主程序指令。

子程序是程序的可选部分,最多可以有 64 个。合理使用子程序可以优化程序结构,减少扫描时间。子程序一般在主程序中被调用,也可以在子程序或中断程序中被调用。只有被调用的子程序,才能够执行。

中断程序也是程序的可选部分,是用来及时处理与用户程序的执行时序无关的操作,或者不能事先预测何时发生的中断事件,最多可以有 128 个。它的调用由各种中断事件触发,而不是由用户程序调用,中断事件一般有输入中断、定时中断、高速计数器中断和通信中断等。

S7-200PLC 的用户程序由数据块与逻辑块组成,数据块是用于存储程序数据的存储单元,逻辑块是构成程序的主体,由多个网络组成,而指令则是组成网络的基本元素。

通常把可编程控制器中所有指令的集合称为它的指令系统,编程的实质是运用编程语言进行各类指令的编写过程。S7-200PLC 的指令多种多样,有基本逻辑指令、数据处理指令和特殊功能指令等。基本逻辑指令包括位操作类指令、逻辑堆栈指令、定时器指令、计数器指令和比较操作指令等;数据处理指令包括数据传送指令、数学运算指令、逻辑运算指令和数据转换指令等;特殊功能指令包括中断指令、时钟指令、通信指令和 PID 回路指令等。关于指令的详细介绍请参考相关书籍。

8.1.2 PLC 编程软件集成开发环境的使用

STEP7-Micro/WIN 是西门子公司专为 SIMATIC S7-200 系列可编程控制器研制开发的编程软件,它是基于 Windows 的应用软件,功能强大,既可用于输入、编辑用户开发的程序,又可进行用户程序的动态调试。

1. STEP7 - Micro/WIN 编程软件的集成开发环境

双击图标进入 STEP7 - Micro/WIN 编程软件的界面,如图 8 - 5 所示。界面一般分为以下几个区:菜单栏(包含 8 个主菜单项)、工具栏(快捷按钮)、浏览条(快捷操作窗口)、指令树(快捷操作窗口)、输出窗口和用户窗口(可同时或分别打开图中的 5 个用户窗口)。

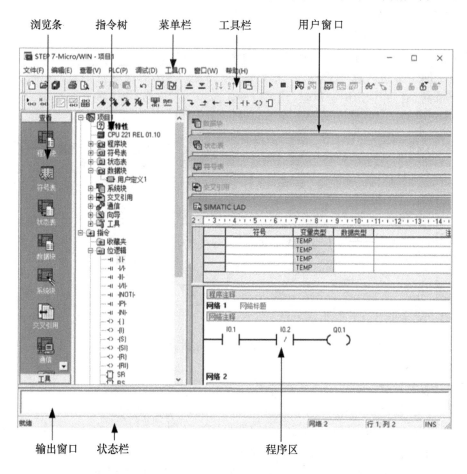

图 8 - 5 STEP7 - Micro/WIN 编程软件的界面

2. 编程前的准备

1)新建或打开一个项目

通过选择菜单栏"文件"→"新建"选项,可以生成一个新的程序。对于已经保存的程序,可以通过选择菜单栏"文件"→"打开"选项,打开一个扩展名为".mwp"的文件。

2)选择 PLC 型号

在建立 PLC 程序时,首先应保证程序中所选的 CPU 型号与实际的 CPU 型号一致。在指令树显示区的第一项对 CPU 型号进行选择,本实验装置使用的 CPU 型号是 CPU 224。

3)通信设置

为了建立 PLC 和计算机之间的通信,除需要进行相应的编程电缆等硬件连接外,还需要进行软件通信设置。

S7－200PLC 与计算机间一般通过 PC/PPI 电缆进行连接,电缆的 RS－232 端连接计算机的串口(COM1、COM2),RS－485 端连接 PLC－CPU 模块上的 RS－485 端口。在STEP7－Micro/WIN编程软件的浏览条区,点击"通信图标"打开通信设定界面,并双击 PC/PPI 电缆图标,PLC 与计算机间的通信选择 PC/PPI cable(PPI)。

3. 用户源程序的输入与传送

1) 源程序输入与编辑

梯形图中程序被划分为若干个网络,一个网络中包含有触点、线圈和指令盒等元素。梯形图的每个网络必须从触点开始,以线圈或没有 ENO 输出的指令盒结束。执行"查看"→"阶梯"菜单命令打开梯形图编辑器,就可以输入命令,在"网络"上方的灰色方框中可以输入程序注释。如图 8－6 所示为程序输入与编辑界面。

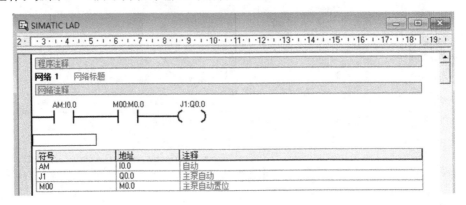

图 8－6   程序输入与编辑界面

2) 符号表的编辑

如果程序比较复杂,可以用符号表定义变量的地址,以方便程序的调试和阅读。单击浏览条中的"符号表"按钮或双击指令树中的"符号表"→"用户定义 1"图标,打开自动生成的符号表。图 8－6 所示为显示符号和地址的程序。

在指令树中用鼠标右键单击"符号表"文件夹,在弹出的快捷菜单中选择"插入符号表"或打开符号表窗口,使用"编辑"菜单或用鼠标右键单击,在弹出的快捷菜单中选择"插入"→"表格",可以建立符号表,如图 8－7 所示。

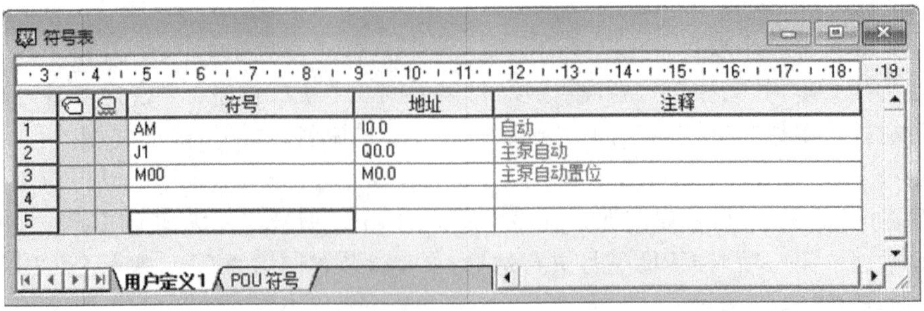

图 8－7   符号表

3）源程序的编译

执行"PLC"→"编译"菜单命令或在工具栏单击"编译"按钮，编译当前打开的程序块或数据块。执行"PLC"→"全部编译"或单击"全部编译"按钮则编译全部项目元件。若程序中有不合法的符号、错误的指令应用等情况，编译不会通过，出错详细信息显示在状态栏里，根据出错信息更正错误后重新编译。通过编译无误后的程序方可下载到 PLC。

4）程序的传送

程序的传送包括将程序下载到 PLC 中及从 PLC 中上传到计算机，应在 PLC 停止模式下进行。执行"文件"→"下载"菜单命令，就会弹出下载对话框，点击对话框中的"下载"按钮即开始下载，PLC 中原有的内容将被覆盖。下载成功后，执行"PLC"→"运行"菜单命令，PLC 进入 RUN(运行)工作方式。上传的方法与下载基本相同，执行"文件"→"上载"菜单命令，将会打开上传对话框，上传成功后，程序将从 PLC 复制到一个打开的项目中，随后可保持此项目。

4. 程序调试与监控

对程序的调试与监控必须在计算机和 PLC 建立连接并成功下载程序后进行。程序调试应在停止(STOP)模式下进行。可通过主菜单"调试"下的选项，在程序编辑器内监视、读取、写入和强制 PLC 的状态数据。执行"调试"→"使用执行状态"菜单命令，可以在程序编辑器中监控 PLC 的实际执行状态。PLC 显示的实际执行状态是 PLC 循环扫描完成后的编程元件状态。

8.2　MCGS 工控组态软件基础知识

8.2.1　MCGS 工控组态软件概述

MCGS(Monitor and Control Generated System)是一套基于 Windows 平台的，用于快速构造和生成上位机监控系统的组态软件系统。MCGS 具有流程控制、数据采集、网络数据传输等多种功能，支持国内外众多数据采集与输出设备，广泛应用于电力、化工、机械等多种工程领域。MCGS 具有操作简便、可维护性强、高性能、高可靠性等突出特点。

MCGS 软件系统由"组态环境"和"运行环境"两个部分组成，如图 8-8 所示。两部分互相独立，又紧密相关。

MCGS 组态环境是生成用户应用系统的工作环境，相当于一套完整的工具软件，帮助用户设计和构造自己的应用系统，它由可执行程序 McgsSet. exe 支持，存放于 MCGS 目录的 Program 子目录中。用户在 MCGS 组态环境中完成动画设计、设备连接、编写控制流程、编制工程打印报表等全部组态工作后，生成扩展名为. mcg 的工程文件，又称为组态结果数据库，其与 MCGS 运行环境一起，构成了用户应用系统，统称为"工程"。

MCGS 运行环境是用户应用系统的运行环境，由可执行程序 McgsRun. exe 支持，存放于 MCGS 目录的 Program 子目录中。运行环境按照组态环境中构造的组态工程，以用户指定的方式运行，并进行各种处理，完成用户组态设计的目标和功能。

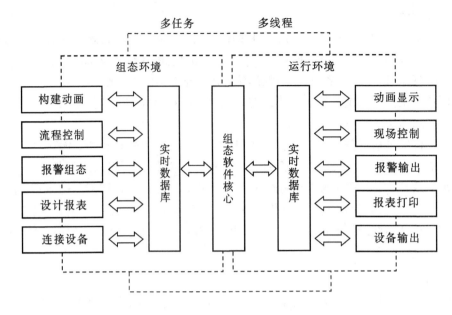

图 8-8　MCGS 组态软件的基本结构

8.2.2　MCGS 工控组态软件集成开发环境的使用

1. MCGS 工控组态软件的集成开发环境

点击 MCGS 工控组态软件图标进入组态环境界面,如图 8-9 所示。MCGS 组态软件所建立的工程由主控窗口、设备窗口、用户窗口、实时数据库和运行策略五部分构成,每一部分分别进行组态操作,完成不同的工作,具有不同的特性。

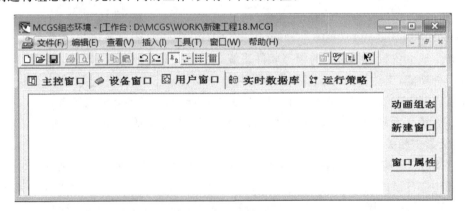

图 8-9　组态环境界面

(1)主控窗口:工程的主窗口或主框架。在主控窗口中可以放置一个设备窗口和多个用户窗口,负责调度和管理这些窗口的打开或关闭。主要的组态操作包括:定义工程的名称,编制工程菜单,设计封面图形,确定自动启动的窗口,设定动画刷新周期,指定数据库存盘文件名称及存盘时间等。

（2）设备窗口：连接和驱动外部设备的工作环境。在本窗口内配置数据采集与控制输出设备，注册设备驱动程序，定义连接与驱动设备用的数据变量。

（3）用户窗口：本窗口主要用于设置工程中人机交互的界面，诸如：生成各种动画显示画面、报警输出、数据与曲线图表等。

（4）实时数据库：工程各个部分的数据交换与处理中心，将 MCGS 工程的各个部分连接成有机的整体。在本窗口内定义不同类型和名称的变量，作为数据采集、处理、输出控制、动画连接及设备驱动的对象。

（5）运行策略：本窗口主要完成工程运行流程的控制。包括编写控制程序（脚本程序），选用各种功能构件，如：数据提取、历史曲线、定时器、配方操作、多媒体输出等。

2．组建新工程的过程

要完成一个实际的应用系统，必须先进行工程项目系统分析，用 MCGS 的组态环境进行系统的生成工作，然后用 MCGS 的运行环境来执行组态结果数据库。

（1）工程项目系统分析。分析工程项目的系统构成、技术要求和工艺流程，弄清系统的控制流程和监控对象的特征，明确监控要求和动画显示方式，分析工程中的设备采集及输出通道与软件中实时数据库变量的对应关系，分清哪些变量是要求与设备连接的，哪些变量是软件内部用来传递数据及动画显示的。

（2）工程立项搭建框架。MCGS 称之为建立新工程。主要内容包括定义工程名称、封面窗口名称和启动窗口（封面窗口退出后接着显示的窗口）名称，指定存盘数据库文件的名称以及存盘数据库，设定动画刷新的周期。经过此步操作，即在 MCGS 组态环境中建立了由五部分组成的工程结构框架。封面窗口和启动窗口也可等到建立了用户窗口后，再行建立。

（3）制作动画显示画面。动画制作分为静态图形设计和动态属性设置两个过程。前一部分类似于"画画"，用户通过 MCGS 组态软件中提供的基本图形元素及动画构件库，在用户窗口内"组合"成各种复杂的画面。后一部分则设置图形的动画属性，与实时数据库中定义的变量建立相关性的连接关系，作为动画图形的驱动源。

（4）编写控制流程程序。在运行策略窗口内，从策略构件箱中，选择所需功能策略构件，构成各种功能模块（称为策略块），由这些模块实现各种人机交互操作。MCGS 还为用户提供了编程用的功能构件（称之为"脚本程序"功能构件），使用简单的编程语言，编写工程控制程序。

（5）完善菜单按钮功能。包括对菜单命令、监控器件、操作按钮的功能组态；实现历史数据、实时数据、各种曲线、数据报表、报警信息输出等功能；建立工程安全机制等。

（6）连接设备驱动程序。选定与设备相匹配的设备构件，连接设备通道，确定数据变量的数据处理方式，完成设备属性的设置。此项操作在设备窗口内进行。

（7）工程测试。最后测试工程各部分的工作情况，完成整个工程的组态工作，实施工程交接。

以上步骤只是按照组态工程的一般思路列出的。在实际组态中，有些过程是交织在一起进行的，实际创建工程时可根据工程的实际需要和自己的习惯，调整步骤的先后顺序，并没有严格的限制与规定。

8.3 MCGS工控组态软件与PLC通信基础知识

1. 设备窗口组态概述

设备窗口是MCGS系统的重要组成部分,负责建立系统与外部硬件设备的连接,使得MCGS能从外部设备读取数据并控制外部设备的工作状态,实现对工业过程的实时监控。

MCGS实现设备驱动的基本方法:在设备窗口内配置不同类型的设备构件,并根据外部设备的类型和特征,设置相关的属性,将设备的操作方法,如硬件参数配置、数据转换、设备调试等都封装在构件之内,以对象的形式与外部设备建立数据的传输通道连接。系统运行过程中,设备构件由设备窗口统一调度管理,通过通道连接,向实时数据库提供从外部设备采集到的数据,从实时数据库查询控制参数,发送给系统其他部分,进行控制运算和流程调度,实现对设备工作状态的实时检测和过程的自动控制。

2. 设备通信及在线调试

以西门子S7200PLC为例,介绍硬件设备与MCGS组态软件连接方法。具体操作如下。

在MCGS组态软件中单击"设备窗口",再单击"设备窗口"按钮进入设备组态。从"工具条"中单击"工具箱",弹出"设备工具箱"对话框。单击"设备管理"按钮,弹出"设备管理"对话框。从"可选设备"中双击"采集板卡",找到"通用串口父设备",双击或单击"增加"按钮,加到右面已选设备。再双击"PLC设备",找到"西门子"双击,再双击"S7 - 200 - PPI",选中"西门子_S7200PPI",双击或单击"增加"按钮,添加到右面已选设备,如图8 - 10所示。

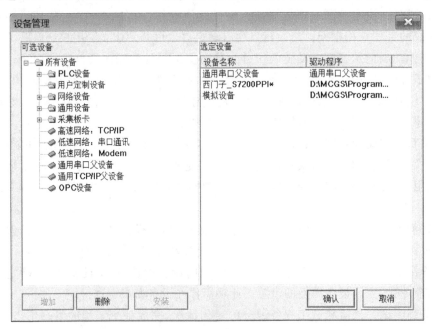

图8 - 10 设备管理

单击"确认"按钮,回到"设备工具箱",双击"设备工具箱"中的"通用串口父设备",再双击"西门子S7 - 200PPI",如图8 - 11所示。

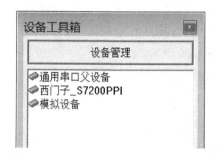

图 8-11　设备工具箱

双击"通用串口父设备 0-[通用串口父设备]",弹出"通用串口设备属性编辑"对话框,如图 8-12 所示,按实际情况进行设置,西门子默认参数设置为:波特率 9600,8 位数据位,1位停止位,偶校验。参数设置完毕,单击"确认"按钮保留。

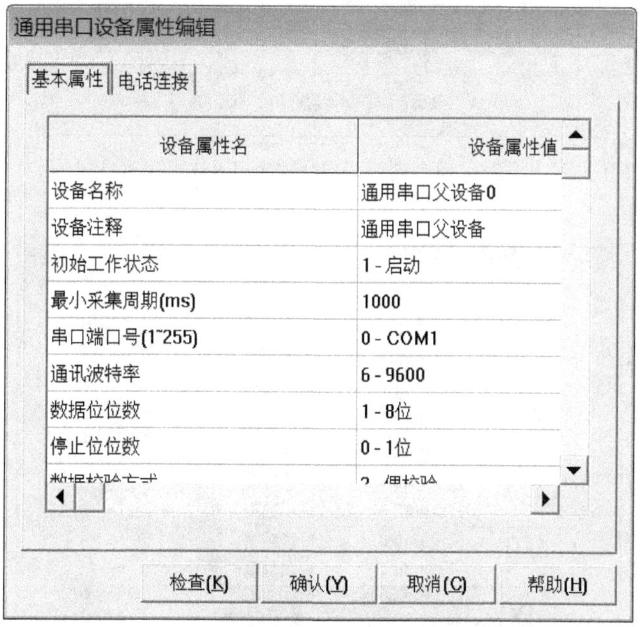

图 8-12　通用串口设备属性编辑

　　计算机串行口是计算机和其他设备通信时最常用的一种通信接口,一个串行口可以挂接多个通信设备,但它们共用一个串口父设备,为适应计算机串行口的多种操作方式,MCGS 组态软件采用在通用串口父设备下挂接多个通信子设备的一种通信设备处理机制,各个子设备继承一些父设备的公有属性,同时又具有自己的私有属性。在实际操作时,MCGS 提供一个通用串口父设备构件和多个通信子设备构件,通用串口父设备构件完成对串口的基本操作和参数设置,通信子设备构件则为串行口实际挂接设备的驱动程序。

　　S7-200PPI 构件用于 MCGS 操作和读写西门子 S7_21X、S7_22X 系列 PLC 设备的各种寄存器的数据或状态。本构件使用西门子 PPI 通信协议,采用西门子标准的 PC\PPI 通信电缆或通用的 RS232/485 转换器,能够方便、快速地与 PLC 通信。

双击"设备 0 -[西门子 S7 - 200PPI]",弹出"设备属性设置"对话框,如图 8 - 13 所示。选中"基本属性"中的"设置设备内部属性",出现图标,单击图标,弹出"西门子 S7 - 200PLC 通道属性设置"对话框,如图 8 - 14 所示。

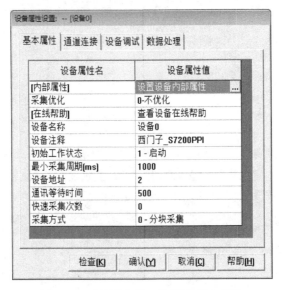

图 8 - 13　西门子 S7 - 200PPI 基本属性

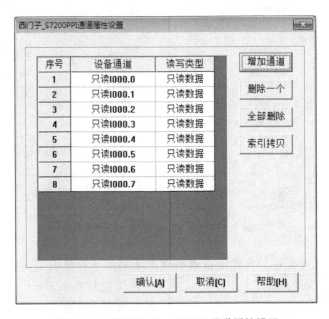

图 8 - 14　西门子 S7 - 200PPI 通道属性设置

单击"增加通道",弹出"增加通道"对话框,如图 8 - 15 所示,设置好后按"确认"按钮。

西门子 S7 - 200 PLC 设备构件把 PLC 的通道分为只读、只写、读写三种情况,只读用于把 PLC 中的数据读入到 MCGS 的实时数据库中,只写用于把 MCGS 实时数据库中的数据写入到 PLC 中,读写则可以从 PLC 中读数据,也可以往 PLC 中写数据。

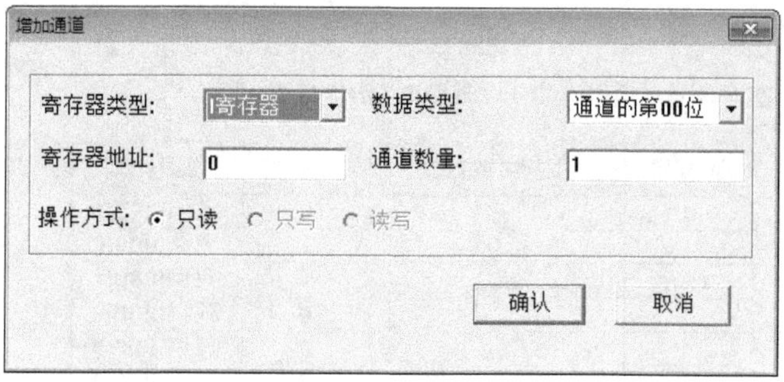

图 8-15 "增加通道"对话框

"通道连接"如图 8-16 设置。

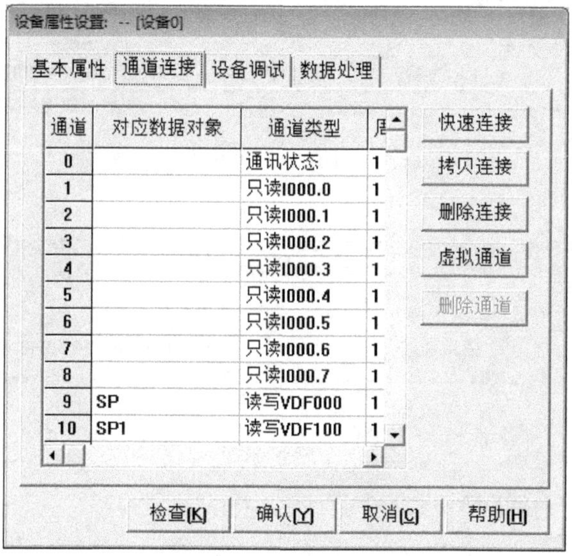

图 8-16 西门子 S7-200PPI 通道连接

在"设备调试"中就可以在线调试"西门子 S7-200PPI",如图 8-17 所示。如果"通讯状态标志"为 0 则表示通信正常,否则 MCGS 组态软件与西门子 S7-200 PLC 设备通信失败。如通信失败,则按以下方法排除:

(1)检查 PLC 是否上电;

(2)检查 PPI 电缆是否正常;

(3)确认 PLC 的实际地址是否和设备构件基本属性页的地址一致,若不知道 PLC 的实际地址,则用编程软件的搜索工具检查,若有,则会显示 PLC 的地址。

(4)检查对某一寄存器的操作是否超出范围。

3. 数据处理

在实际应用中,经常需要对从设备中采集到的数据或输出到设备的数据进行处理,以得到实际需要的工程物理量。点击"数据处理",按"设置"按钮则打开"通道处理设置",如图 8-18 所示。

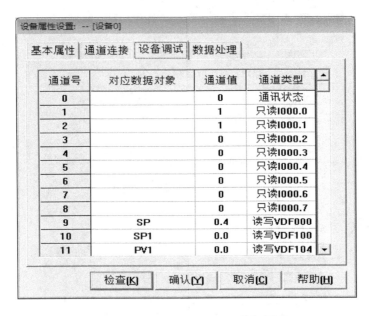

图 8 - 17　西门子 S7 - 200PPI 设备调试

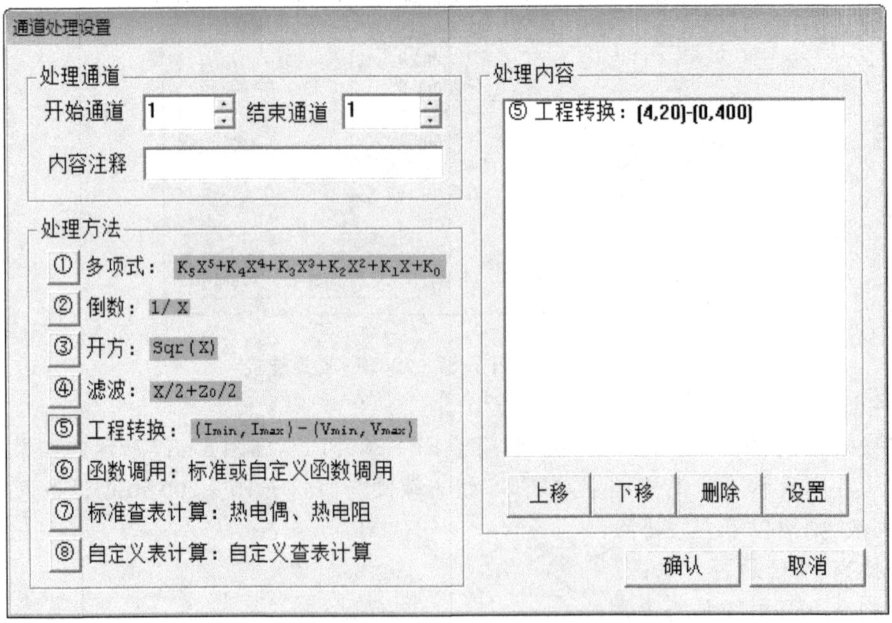

图 8 - 18　西门子 S7 - 200PPI 通道处理设置

　　在通道处理设置窗口中,进行数据处理的组态设置。如:对设备通道 1 的输入信号 4～20 mA(采集信号)工程转换成 0～400 mm(水箱液位高度范围),则选择第 5 项工程转换,如图 8 - 19 进行设置,使用同样的方法对设备通道 2 的输入信号 4～20 mA(采集信号)工程转换成 0～100 ℃(液体温度测量范围),设置完毕后,点击"确认"返回数据处理界面,如图8 - 20所示。

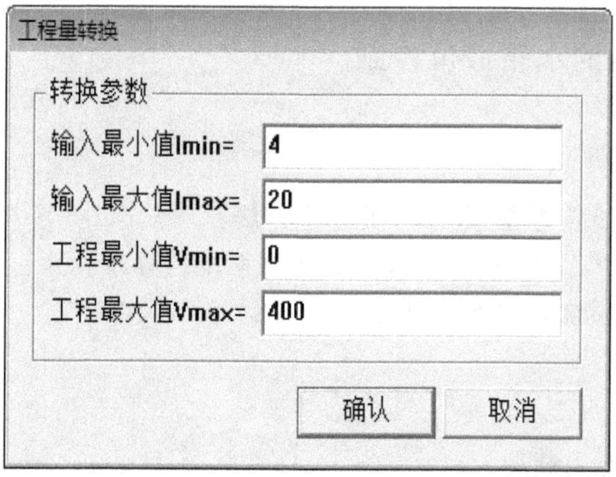

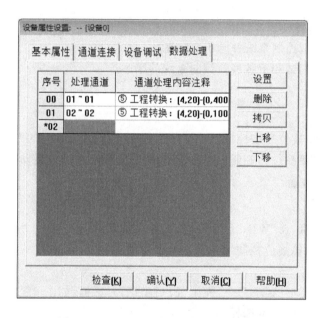

图 8-19 工程量转换

图 8-20 西门子 S7-200PPI 数据处理

8.4 过程控制系统开发与组态实验

过程控制实验装置是一个含有独立双回路三容器的水循环,通过相应的电磁阀开启和闭合可以接通到不同的水箱,可以灵活的组成单容器回路、双容器回路及三容器回路,控制电动阀门的开度和加热器的功率可以实现对流量、压力、液位、温度的控制。结合相应的控制程序开发,拓展思维可以进行单回路控制系统实验、串级回路控制实验、比值控制实验等。本节通过实验进一步熟悉过程控制系统开发过程中所需要的知识,包括下位机编程、上位机编程以及下位机与上位机间通信。

8.4.1 PLC 编程的水箱液位控制

1. 实验目的

(1)通过实例进一步熟悉掌握 PLC 的编程方法。

(2)熟悉使用 STEP7 - Micro/WIN 设计控制系统的程序。

(3)掌握自动控制系统方案的设计。

2. 实验设备

(1)个人计算机。

(2)S7 - 200 可编程控制器。

(3)STEP7 - Micro/WIN32 编程软件。

3. 实验要求

(1)预习 PLC 预备知识。

(2)设计水箱液位控制系统并画出方框图。

(3)编写、编译、调试和下载液位控制系统的程序。

(4)撰写实验报告。

4. 实验内容

本实验以下水箱液位为被控量,以 PLC 为控制器控制调节阀的开度,调节主管路中的液体流量,实现下水箱液位的控制。通过 PLC 编程实现水箱液位自动控制系统。

5. 实验方法与步骤

1)新工程的建立

打开 STEP7 - Micro/WIN32 编程软件,在编程软件界面点击"新建",创建一个新工程,工程名称为"下水箱液位控制"。

2)选择 PLC 型号

执行"PLC"→"类型"菜单命令,弹出"PLC 类型"对话框,如图 8 - 21 所示。PLC 类型选择"CPU 224 CN",CPU 版本选择"02.01"。

图 8 - 21 "PLC 类型"对话框

3)建立通信

点击图 8 - 21 中的"通信"按钮,弹出 PLC 通信对话框,如图 8 - 22 所示。点击"设置 PG/PC 接口",弹出"通信接口参数设置"对话框,如图 8 - 23 所示,接口参数选择"PC/PPI cable. PPI. 1"。

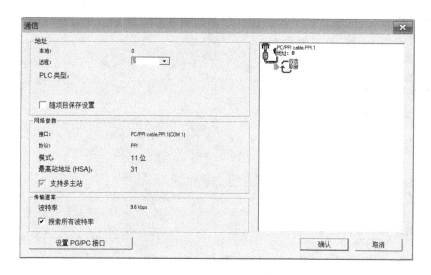

图 8 - 22 "PLC 通信"对话框

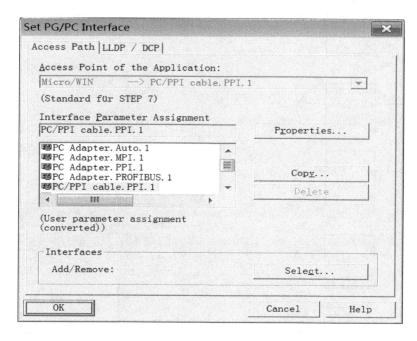

图 8 - 23 "通信接口参数设置"对话框

4)下水箱液位控制程序设计

要实现水箱液位的控制,首先需要读取上位机中输入的控制系统设置参数,然后定时根据系统内物理量参数的变化执行相应的控制动作,PLC 程序的设计可分三部分进行。

(1)主程序(OB1)的设计。主程序的梯形图如图 8 - 24 所示。主程序的功能是在 PLC 首次运行时利用 SM0.1 调用初始化子程序 SBR_0,对设定值、测量值(过程变量)、PID 参数等进行初始化,将初始化后的值送入 PID 回路表(关于 PID 回路表在后面的实验相关说明中介绍)。

（2）子程序（SBR）的设计。子程序的梯形图如图 8 - 25 所示。子程序 SBR_0 的功能是建立 100 ms 的定时中断，并且开中断。

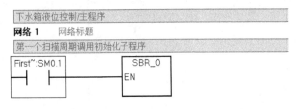

符号	地址	注释
First_Scan_On	SM0.1	仅第一个扫描周期中接通为 ON

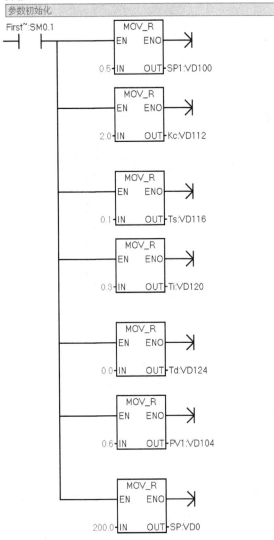

图 8 - 24 主程序的梯形图

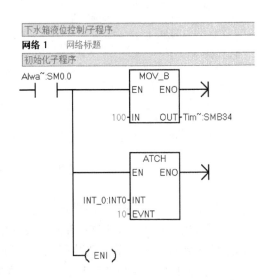

图 8 - 25 子程序的梯形图

（3）中断响应程序（INT）的设计。中断响应程序的梯形图如图 8-26 所示。中断响应程序 INT_0 的功能是将模拟量输入值（下水箱液位高度 AIW0 的值）进行处理并将其存入 PID 回路表，然后执行 PID 指令，最终将 PID 控制回路输出量整定后通过模拟量端口输出至 AQW0。

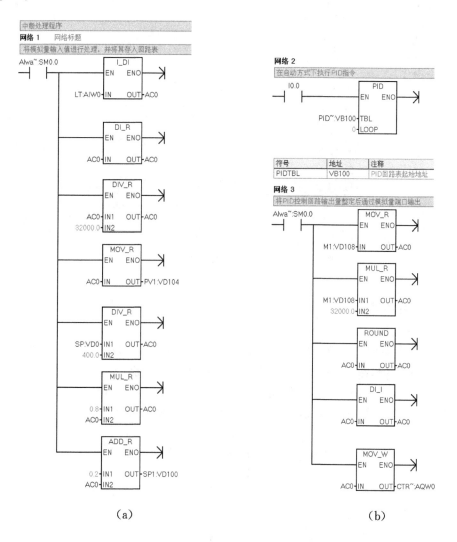

（a）　　　　　　　　　　　（b）

图 8-26　中断响应程序的梯形图

（4）使用符号表。在程序编写时，使用了符号表定义各变量的地址，以方便程序的调试和阅读。图 8-27 所示为下水箱液位控制程序的符号表。

5）下水箱液位控制程序的编译与下载

程序编写完毕且通过编译无误后，方可下载到 PLC。

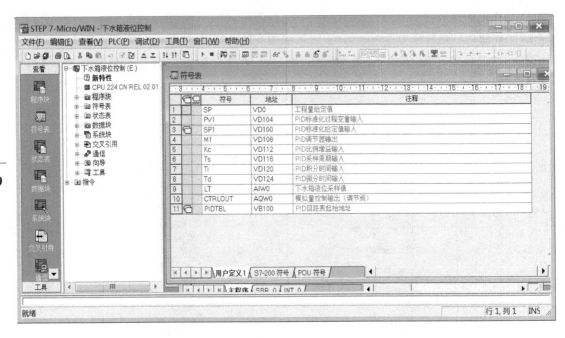

图 8-27　下水箱液位控制程序的符号表

6. 实验相关说明

1)PID 回路指令

(1)简介。本实验的程序设计中使用到 PID 回路指令,PID 回路指令的梯形图如图 8-28所示。TBL 是回路表的起始地址,是由 VB 指定的字节型数据;LOOP 是回路号,是 0~7 的常数。当输入端 EN 有效时,PID 回路指令利用回路表中的输入信息和组态信息,进行 PID (比例、积分和微分)运算,并得到输出控制量。PID 指令必须用在定时发生的中断程序中。

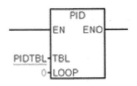

图 8-28　PID 回路指令的梯形图

PID 回路指令根据输入和表(TBL)中的配置信息,对相应的 LOOP 执行 PID 回路运算, 回路表包含 9 个参数,用来控制和监视 PID 运算,回路表格式如表 8-2 所示。

表 8-2　回路表格式

偏移地址	变量名	数据类型	变量类型	描述
0	过程变量(PV_n)	实数	输入	必须在 0.0~1.0 之间
4	设定值(SP_n)	实数	输入	必须在 0.0~1.0 之间
8	输出值(M_n)	实数	I/O	必须在 0.0~1.0 之间

偏移地址	变量名	数据类型	变量类型	描述
12	增益(K_C)	实数	输入	比例常数,可正可负
16	采样时间(T_S)	实数	输入	单位为秒,必须是正数
20	积分时间(T_I)	实数	输入	单位为分钟,必须是正数
24	微分时间(T_D)	实数	输入	单位为分钟,必须是正数
28	积分项前项(MX)	实数	I/O	必须在 0.0~1.0 之间
32	过程变量前值(PV_{n-1})	实数	I/O	必须在 0.0~1.0 之间

(2)输入输出变量数值转换。每个 PID 回路具有两个输入量,即设定值和过程变量。设定值和过程变量都是实际的工程量,其大小、范围和单位都可能不同。在进行 PID 运算前,必须将这些工程实际值由 16 位整数转换为无量纲的标准的浮点型实数,然后将实数格式的工程实际值标准化为 0.0~1.0 之间的无量纲相对值,这一过程称为标准化过程,如图 8 - 26 中网络 1 所示。

回路的输出值为一个控制量,用来控制外部设备。PID 运算的输出值是 0.0~1.0 之间标准化了的实数值,在输出变量传送到 D/A 模拟量单元前,必须把回路输出量转化为相应的 16 位整数。这一转换实际上为标准化过程的逆过程,如图 8 - 26 中网络 3 所示。

2)I/O 端子和地址

程序中的 I/O 地址必须与实际物理连接端子一一对应,才能确保动作的正确执行,各物理连接端子位置如图 6 - 5 所示。

(1)数字量(开关量)。CPU224 本身带有 14 个输入和 10 个输出数字量端子,对应地址分别是 I0.0~I0.7、I1.0~I1.5 和 Q0.0~Q0.7、Q1.0~Q1.1。

(2)模拟量。模拟量扩展模块 EM235 带有 4 路模拟量输入和 1 路模拟量输出,在本实验台共有 3 个 EM235,由于空间原因每个 EM235 布置了 3 路模拟量输入和 1 路模拟量输出端子,如图 6 - 5 所示,第一个 EM235 对应的输入/输出地址分别是 AIW0、AIW2、AIW4/AQW0,第二个 EM235 对应的输入/输出地址分别是 AIW8、AIW10、AIW12/AQW2,第三个 EM235 对应的输入/输出地址分别是 AIW16、AIW18、AIW20/AQW4。

7. 思考题

其他被控量比如流量、压力、温度等,应如何设计其控制程序?

8.4.2 水箱液位监控界面组态

1. 实验目的

(1)通过实例进一步熟悉掌握 MCGS 组态方法。

(2)掌握自动控制系统监控界面的设计。

2. 实验设备

(1)个人计算机。

（2）MCGS工控组态软件。

3．实验要求

（1）实验前，认真预习MCGS工控组态软件预备知识。

（2）使用MCGS工控组态软件对水箱液位控制系统进行组态。

（3）撰写实验报告。

4．实验内容

分析设计下水箱液位控制系统构成及工作流程，使用MCGS工控组态软件对下水箱液位控制系统进行组态。

5．实验方法与步骤

（1）分析水箱液位控制系统构成及工作流程，画出控制系统方框图。

（2）打开MCGS组态环境界面，在菜单"文件"中选择"新建工程"，然后保存"新建工程"。

（3）在MCGS组态平台上，单击"用户窗口"，在"用户窗口"中单击"新建窗口"按钮，则产生新"窗口0"，如图8-29所示。

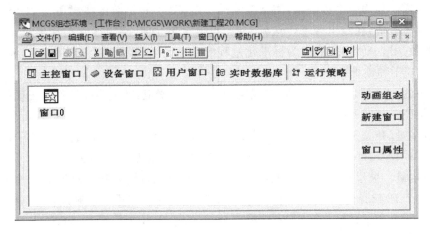

图8-29　用户窗口界面

选中"窗口0"，单击"窗口属性"，进入"用户窗口属性设置"，将"窗口名称"改为：水箱液位控制；将"窗口标题"改为：水箱液位控制；在"窗口位置"中选中"最大化显示"，其他不变，单击"确认"，如图8-30所示。用同样的方法创建窗口"实时曲线"，如图8-31所示。

（4）选中图8-31中"水箱液位控制"，单击"动画组态"，进入动画制作窗口，单击工具条中的"工具箱"按钮，打开动画工具箱，如图8-32所示。利用工具箱建立监控界面中所需的输入框、显示框。

单击"工具"菜单中的"对象元件库管理"，打开"对象元件库管理"，如图8-33所示，其中包括阀、泵、管道、刻度等图形。利用"对象元件库管理"建立监控界面中所需的水箱、储水罐、阀门、泵、流量计等。添加相应的元件，建立水箱液位控制系统监控界面，如图8-34所示。

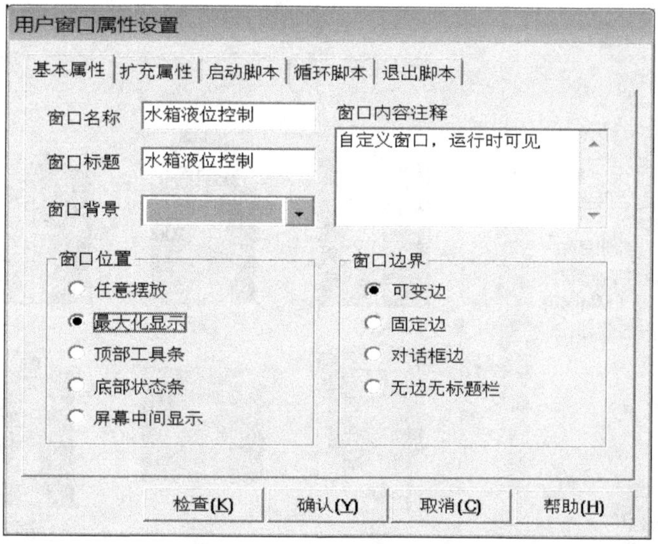

图 8-30 用户窗口属性设置

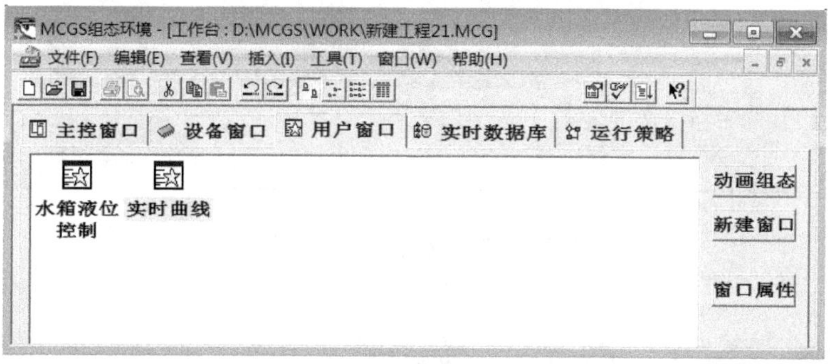

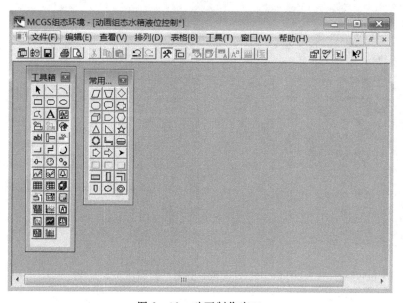

图 8-31 新建的用户窗口

图 8-32 动画制作窗口

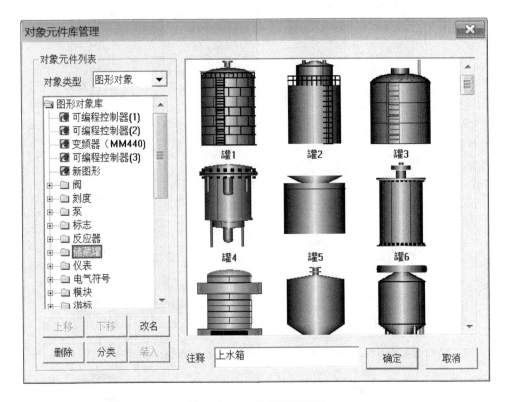

图 8-33 对象元件库管理

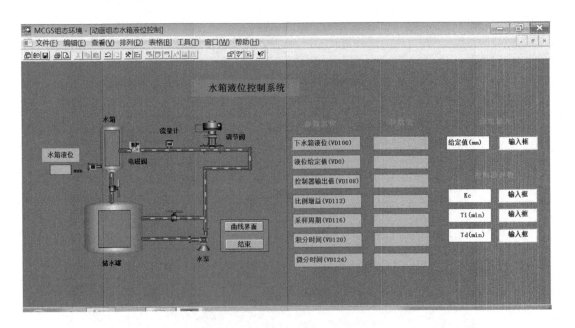

图 8-34 水箱液位控制系统监控界面

(5)双击图 8 - 34 中水箱液位显示框对其进行属性设置,如图 8 - 35 所示,PV1 表示水箱液位的测量值,与 8.4.1 节 PLC 程序中定义的变量名一致。其他显示框和输入框的属性设置方法与此相同。

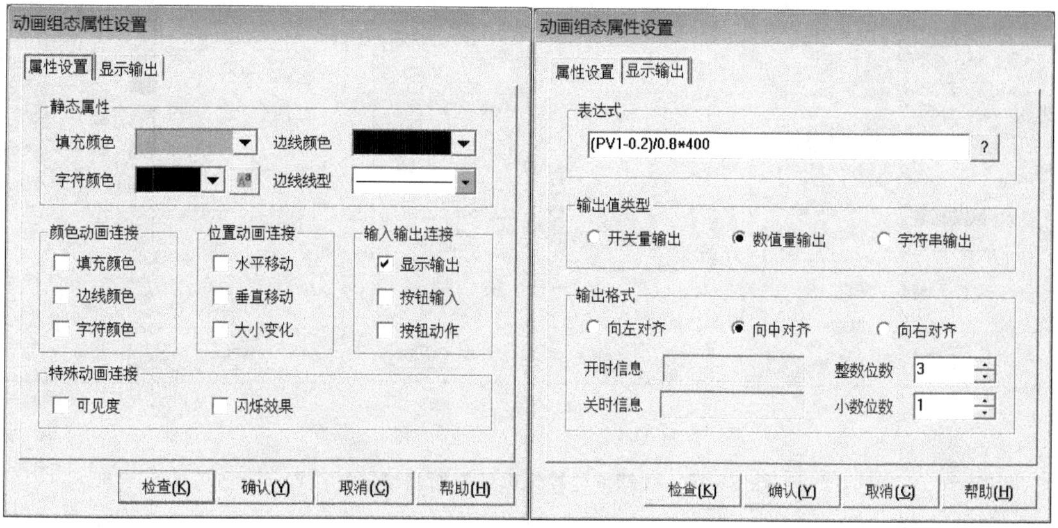

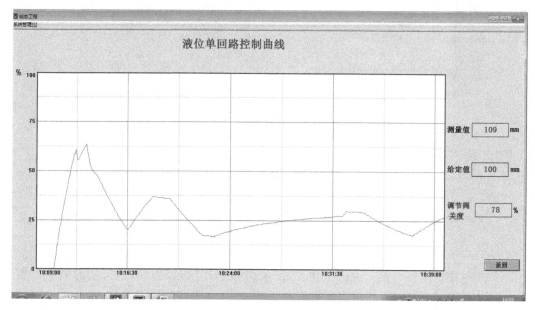

（a）　　　　　　　　　　　　　　　　　　　　　　（b）

图 8 - 35　水箱液位显示框属性设置

(6)使用工具箱中的图形对象建立水箱液位控制系统实时曲线,如图 8 - 36 所示。双击实时曲线上任意位置,弹出实时曲线属性设置窗口,分别对各种属性进行设置,如图 8 - 37 所示。

图 8 - 36　水箱液位控制系统实时曲线

图 8-37　水箱液位控制系统实时曲线属性设置

（7）分别双击图 8-34 中的"曲线界面"和图 8-36 中的"返回"，弹出属性设置窗口，分别对其各种属性进行设置，如图 8-38 所示。

图 8-38　进入和退出实时曲线的属性设置

（8）实时数据库的设置。点击工作台的"实时数据库"窗口标签，进入实时数据库窗口页。点击"新增对象"按钮，在窗口的数据变量列表中，增加新的数据变量，选中变量，按"对象属性"按钮或双击选中变量，则打开对象属性设置窗口，分别对各种属性进行设置，如图 8-39 所示。

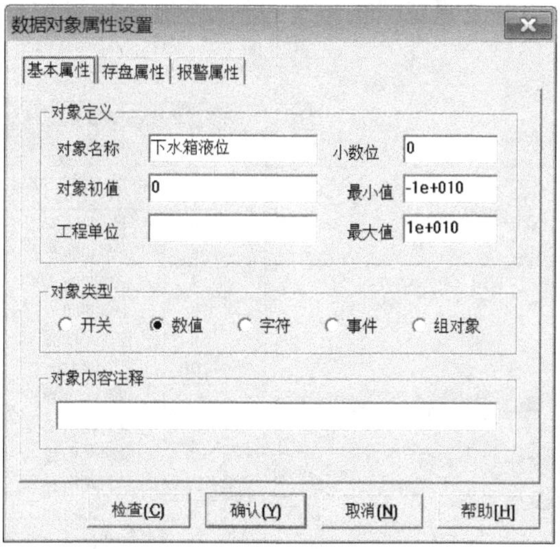

图 8-39 数据对象属性设置

6. 思考题

假设当液位达到某一数值时,就要把水泵关闭,否则就启动水泵,应如何编写控制流程?

8.4.3 过程控制系统上位机与下位机通信

1. 实验目的

(1)掌握控制系统的组态与开发方法。

(2)掌握 MCGS 工控组态软件与 PLC 通信的方法。

2. 实验设备

过程控制实验装置。

3. 实验要求

(1)实验前,预习 PLC 与 MCGS 工控组态软件通信的预备知识,预习 PID 控制器参数的整定方法。

(2)预习并掌握 8.4.1 节和 8.4.2 节实验中的各变量的对应关系。

(3)调试过程中根据实际情况对 PID 参数进行整定。

(4)撰写实验报告。

4. 实验内容

以 8.4.1 节和 8.4.2 节实验结果为基础,通过建立两者之间的实时数据通信,构建下水箱液位控制系统。

5. 实验方法与步骤

(1)在 8.4.2 节实验 MCGS 组态环境中单击"设备窗口",按照 8.3 节中介绍的方法对"通用串口父设备"和"S7-200PPI"进行添加和基本属性设置。

（2）根据 8.4.1 节实验各变量定义的地址，进行通道属性设置，比如增加一个 V 寄存器（VD0），如图 8-40 所示。

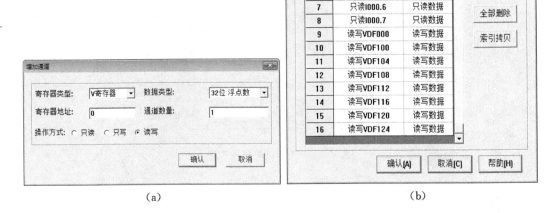

（a）　　　　　　　　　　　　　（b）

图 8-40　水箱液位控制系统 S7-200PPI 通道属性设置

（3）将各通道属性设置好之后进行通道连接，点击"快速连接"对各数据对象和对应通道进行连接，比如将数据对象 SP 与通道 9 对应的地址 VD0 连接起来，如图 8-41 所示。

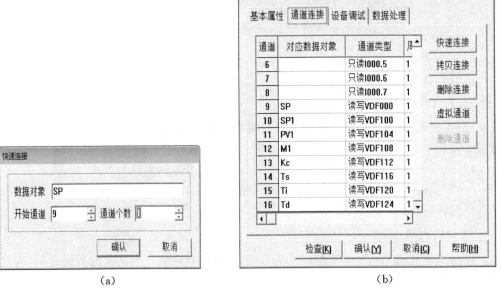

（a）　　　　　　　　　　　　　（b）

图 8-41　水箱液位控制系统 S7-200PPI 通道连接

(4)各通道连接完毕后进行设备调试,如图 8 - 42 所示,如果"通信状态"的通道值为 0,表示通信正常,否则通信失败,可按照 8.3 节中介绍的方法进行排除。

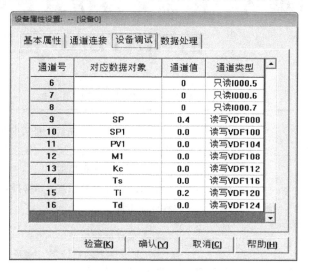

图 8 - 42　水箱液位控制系统 S7 - 200PPI 设备调试

(5)设备调试成功以后进行数据处理,数据处理可在 PLC 程序中进行,亦可在 MCGS 中进行,由于 8.4.1 节实验中已经进行了数据处理,因此无需在 MCGS 中再进行数据处理。

(6)关闭 MCGS 组态环境和 PLC 程序,将 PLC 程序下载到可编程控制器中。

(7)打开 MCGS 运行环境,通过 MCGS 运行环境对水箱液位控制系统进行调试和监控,根据实际情况对 PID 参数进行整定使控制系统快速、准确地进入稳定状态。

6. 思考题

在本实验中对模拟量进行了控制通信,假如对开关量进行控制通信,应如何设置?

附录 A 控制系统仿真常用的 MATLAB 函数

表 A-1 控制系统仿真常用的 MATLAB 函数

函数类型	命令或函数名	调用格式	函数功能及说明
模型构建函数	tf()	sys=tf(num,den)	求标准传递函数模型 num、den 分别表示按 s 降幂排列的分子、分母多项式系数行向量
	zpk()	sys=zpk(z,p,k)	求零极点增益模型 z、p、k 分别表示系统零点向量、极点向量和增益
	series()	sys = series (sys1, sys2)	求 sys1 与 sys2 串联模型 sys
	parallel()	sys = parallel (sys1, sys2)	求 sys1 与 sys2 并联模型 sys
	feedback()	sys=feedback(sys1, sys2,sign)	求 sys1 与 sys2 反馈连接模型 sys sys1、sys2 分别表示前向通道、反馈通道传递函数；sign 表示反馈的性质，sign 缺省时，默认 sign=-1，即负反馈
	pade()	[num, den] = pade (τ,n)	求延迟环节 $e^{-\tau s}$ 的等效 n 阶多项式传递函数 函数 pade 可以产生时延环节的 n 阶 LTI(线性时不变)逼近模型。这种 pade 近似模型可用来对连续系统的传输和计算等延时进行建模，τ 秒时延的拉斯变换为 $e^{-\tau s}$，它可由 pade 函数近似为关于 s 的 n 阶有理多项式 num(s)/den(s)。num、den 是产生时延 τ 秒的传递函数的分子、分母多项式系数行向量
求取模型参数函数	tfdata()	[num, den] = tfdata (sys, $'v'$)	求 sys 的标准传递函数模型的参数,并以向量表示 $'v'$ 表示求取结果为数值型变量
	zpkdata()	[z, p, k] = zpkdata (sys, $'v'$)	求 sys 的零极点增益模型的参数,并以向量表示 $'v'$ 表示求取结果为数值型变量
	dcgain()	k= dcgain(sys)	计算系统 sys 的稳态增益
	damp()	[wn, zeta] = damp (den)	求系统的特征参数
	roots()	rt=roots(den)	求多项式的根,den 为多项式的系数向量

函数 类型	命令或 函数名	调用格式	函数功能及说明
模型变换 函数	tf2zp()	[z, p, k] = tf2zp (num,den)	将标准传递函数模型转换为零极点增益模型
	zp2tf()	[num, den] = zp2tf (z,p,k)	将零极点增益模型转换为标准传递函数模型
时域分 析函数	step()	step(sys) [y,t]=step(sys)	求系统 sys 的单位阶跃响应 当带返回变量[y,t]引用函数时,y 为系统各输出所组成的向量,t 为系统响应的时间向量
	impulse()	impulse(sys) [y,t]=impulse(sys)	求系统 sys 的单位脉冲响应 当带返回变量[y,t]引用函数时,y 为系统各输出所组成的向量,t 为系统响应的时间向量
	Pzmap()	Pzmap(num,den)	绘制系统的零极点图 在零极点图中,极点用"×"表示,零点用"○"表示
频域分 析函数	margin()	[Gm, Pm, Wg, Wp] = margin(sys)	求系统 sys 的频率特性参数 Gm、Pm、Wg、Wp 分别为系统的增益裕量、相角裕量、相位交界频率、增益交界频率
	nichols()	nichols(sys)	绘制系统 sys 的尼科尔斯图
	nyquist()	nyquist(sys)	绘制系统 sys 的极坐标图
	bode()	bode(sys) [mag, pha, w] = bode(sys)	绘制系统 sys 的伯德图 当带返回变量[mag,pha,w]引用函数时,mag、pha、w 分别为系统的幅值、相角、角频率

附录 B　控制系统仿真常用的 Simulink 模块组

Simulink 模块库包括有标准 Simulink 模块库和专业模块库,标准 Simulink 模块库内有多个模块组,能够完成连续系统、离散时间系统、离散事件系统等常见的系统模型;专业模块库是各领域专家为满足特殊需要在标准 Simulink 模块库基础上开发出来的,如电力系统模块库等。附录给出了标准 Simulink 模块库中自动控制系统常用的几个模块组,详细内容请参考相关文献。

1. 通用模块组(Commonly Used Blocks)

通用模块组由 Simulink 模块库多个模块组中最常用的模块组成,该模块组中各基本模块的名称与用途由表 B-1 给出。

表 B-1　通用模块组中各基本模块的名称与用途

图标	模块名称	用途
	Bus Creator	信号总线生成器
	Bus Selector	信号总线选择器
1	Constant	常量输入
Convert	Data Type Conversion	数据类型转换
	Demux	分路器
$\dfrac{K\,T_s}{z-1}$	Discrete-Time Integrator	离散时间积分器
1	Gain	增益
	Ground	接地

图标	模块名称	用途
1	In1	输入端口
$\frac{1}{s}$	Integrator	积分器
AND	Logical Operator	逻辑运算
	Mux	混路器
1	Out1	输出端口
×	Product	乘法运算
<=	Relational Operator	关系运算
	Saturation	限幅饱和特性
	Scope	示波器
In1 Out 1	Subsystem	子系统
+	Sum	计算代数和
	Switch	多路开关（当第二个输入大于临界值时，输出第一个输入端的信号，否则输出第三个输入端的信号）
	Terminator	信号终结
$\frac{1}{z}$	Unit Delay	单位延迟器

2. 连续模块组(Continuous)

连续模块组由连续时间线性系统和连续时间延迟两部分组成,该模块组中各基本模块的名称与用途由表 B-2 给出。

表 B-2　连续模块组中各基本模块的名称与用途

图标	模块名称	用途
$\mathrm{d}u/\mathrm{d}t$	Derivative	微分
$\dfrac{1}{s}$	Integrator	积分
$\begin{aligned}x'&=Ax+Bu\\y&=Cx+Du\end{aligned}$	State-Space	状态空间模型
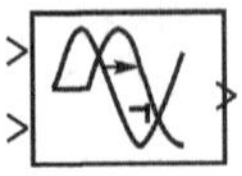	Transport Delay	传输延迟
$\dfrac{1}{s+1}$	Transfer Fcn	标准传递函数模型
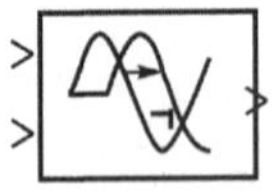	Variable Transport Delay	可变传输延迟
$\dfrac{(s-1)}{s(s+1)}$	Zero-Pole	零极点增益模型

3. 数学运算模块组(Math Operations)

数学模块组由数学运算、向量/矩阵运算和复向量转换三部分组成,该模块组中各基本模块的名称与用途由表 B-3 给出。

表 B-3　数学模块组中各基本模块的名称与用途

图标	模块名称	用途
$|u|$	Abs	求绝对值或模
$+$ $+$	Add	信号求和

图标	模块名称	用途
$f(z)$ Solve $f(z)=0$ z	Algebraic Constraint	代数约束
U1→Y U2→Y(E) Y	Assignment	分配器
$u+0.0$	Bias	偏压(偏移)
$\lvert u \rvert$ $\angle u$	Complex to Magnitude-angle	复数转换为幅值和相角
$\mathrm{Re}(u)$ $\mathrm{Im}(u)$	Complex to Real-Imag	复数转换为实部和虚部
× ÷	Divide	除法
■	Dot Product	点积(内积)
1	Gain	增益(比例)
$\lvert . \rvert$ $\angle$	Magnitude-angle to Complex	幅值和相角转换为复数
e^u	Math Function	数学运算函数
Horiz Cat	Matrix Concatenation	矩阵级联
min	MinMax	最值运算
u R $\min(u,y)$ y	MinMax Running Resettable	可调最值运算

图标	模块名称	用途
$P(u)$ $O(P)=5$	Polynomial	多项式运算
×	Product	乘积运算
∏	Product of Elements	元素乘积运算
Re Im	Real-Imag to Complex	实部和虚部转换为复数
$U(:)$	Reshape	矩阵的重新定维
floor	Rounding Function	取整
sin	Sign	符号函数
t	Sine Wave function	正弦波函数
1	Slider Gain	可变增益
+ −	Subtract	代数求差
+ +	Sum	代数求和
Σ	Sum of Elements	元素求和
sin	Trigonometric Function	三角函数

图标	模块名称	用途
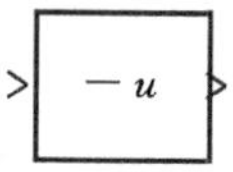 > $-u$ >	Unary Minus	单元减法
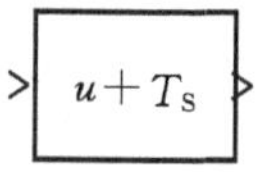 > $u+T_s$ >	Weighted Sample Time Math	加权数学采样时间封装

4. 接收器模块组(Sinks)

接收器模块组由模型与子系统输出、数据浏览器和仿真控制三部分组成,该模块组中各基本模块的名称与用途由表 B－4 给出。

表 B－4　接收器模块组中各基本模块的名称与用途

图标	模块名称	用途
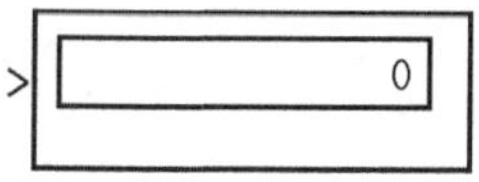 > 0	Display	实时数字显示
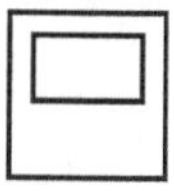 (矩形)	Floating Scope	浮动示波器
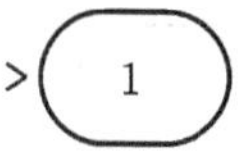 > 1	Out1	输出端口
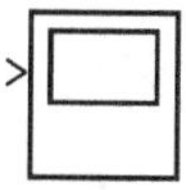 > (矩形)	Scope	示波器
 > STOP	Stop Simulation	仿真终止
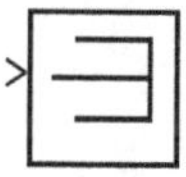 > (终结)	Terminator	信号终结
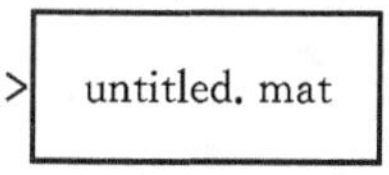 > untitled. mat	To File	写入文件
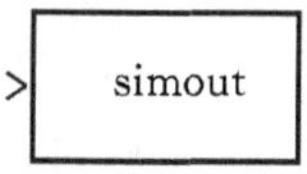 > simout	To Workspace	写入工作空间
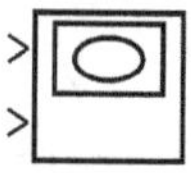 > (图形)	XY Graph	显示二维图形

5. 信号源模块组(Sources)

信号源模块组由模型与子系统输入和信号发生器两部分组成,该模块组中各基本模块的名称与用途由表 B-5 给出。

表 B-5　信号源模块组中各基本模块的名称与用途

图标	模块名称	用途
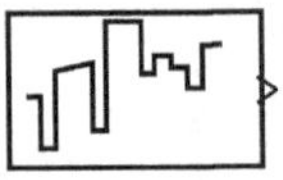	Band-Limited White Noise	带宽限幅白噪声
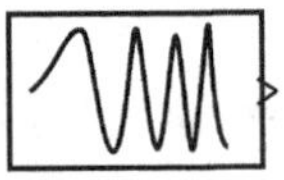	Chirp Signal	线性调频信号
	Clock	时间信号
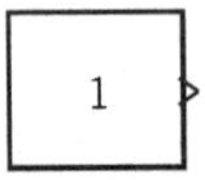 1	Constant	常量输入
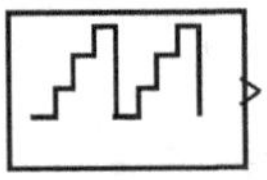	Counter Free-Running	无限计数器
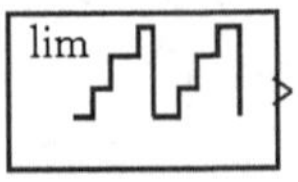 lim	Counter Limited	有限计数器
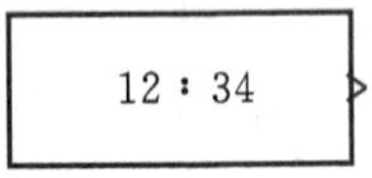 12：34	Digital Clock	数字时间信号
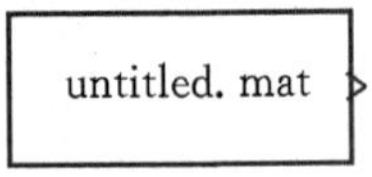 untitled. mat	From File	从文件导入数据
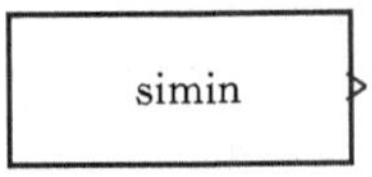 simin	From Workspace	从工作空间导入数据
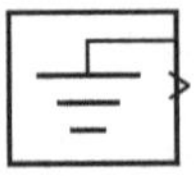	Ground	接地
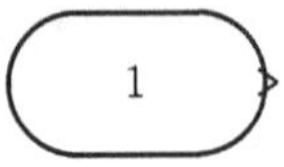 1	In1	输入端口

图标	模块名称	用途
	Pulse Generator	脉冲信号发生器
	Ramp	斜波信号发生器
	Random Number	正态分布随机数
	Repeating Sequence	产生连续重复的任意序列
	Repeating Sequence Stair	产生连续重复的阶梯序列
	Repeating Sequence Interpolated	产生内插的连续重复序列
	Signal Generator	普通信号发生器
Signal 1	Signal Builder	信号构造器
	Sine Wave	正弦波信号发生器
	Step	阶跃信号发生器
	Unifrom Random Number	产生均匀分布的随机数信号

附录 B 控制系统仿真常用的 Simulink 模块组

参考文献

［1］杨立．计算机控制与仿真技术［M］．北京：中国水利水电出版社，2006．

［2］巨林仓．自动控制原理［M］．2 版．北京：中国电力出版社，2013．

［3］周昌民．自动控制理论实验教程［M］．上海：上海大学出版社，2004．

［4］程鹏．自动控制原理实验教程［M］．北京：清华大学出版社，2008．

［5］何衍庆．过程仿真［M］．北京：中国石化出版社，1996．

［6］黄向华．控制系统仿真［M］．北京：北京航空航天大学出版社，2008．

［7］张爱民．自动控制原理［M］．北京：清华大学出版社，2006．

［8］郑恩让，聂诗良．控制系统仿真［M］．北京：北京大学出版社，2006．

［9］赵广元．MATLAB 与控制系统仿真实践［M］．北京航空航天大学出版社，2012．

［10］杨平．自动控制原理——实验与实践篇［M］．北京：中国电力出版社，2011．

［11］王正林，郭阳宽．过程控制与 Simulink 应用［M］．北京：电子工业出版社，2006．

［12］方康玲，王新民．过程控制及其 MATLAB 实现［M］．北京：电子工业出版社，2013．

［13］邓为民．自动控制原理实验教程［M］．北京：航空工业出版社，1991．

［14］王军．自动化专业实验［M］．北京：国防工业出版社，2007．

［15］王晓燕，冯江．自动控制理论实验与仿真［M］．广州：华南理工大学出版社，2006．

［16］黄道平．MATLAB 与控制系统的数字仿真及 CAD［M］．北京：化学工业出版社，2004．

［17］罗建军．MATLAB 教程［M］．北京：电子工业出版社，2005．

［18］郭阳宽．过程控制工程及仿真［M］．北京：电子工业出版社，2008．

［19］杨为民．过程控制系统及工程［M］．西安：西安电子科技大学出版社，2008．

［20］冯毅萍．过程控制工程实验［M］．北京：化学工业出版社，2013．

［21］杨后川．西门子 S7－200PLC 编程速学与快速应用［M］．北京：电子工业出版社，2010．

［22］龚仲华．S7－200/300/400PLC 应用技术——通用篇［M］．北京：电子工业出版社，2010．